西山麦黄杏

沙金红1号杏

骆驼黄杏

辽阳红杏

崂山红杏

黄甜杏

红丰杏

串枝红杏

2

串枝红杏丰产状

昌黎杏梅

巴斗杏

3

9803 杏丰产状

送春杏开花状

陕梅开花状

辽梅开花状

4

红花山杏开花状

定植苗木建杏园

进行杏树嫁接

进行杏树高接换头

5

盛果期杏树休眠期修剪

杏幼树休眠期修剪

进行杏树夏季修剪

给杏树摘心

进行杏树树干涂白

进行杏树疏花

秸秆覆盖的杏树树盘

杏园养蜂授粉

7

杏园沟状施肥

在果实生长期给杏树追肥

阴干中的杏果

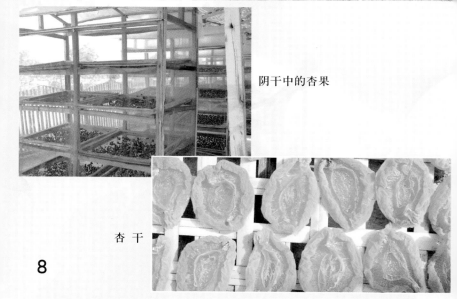

杏 干

8

农作物种植技术管理丛书

怎样提高杏栽培效益

主　编

刘咸生

编著者

刘　宁　赵　锋　张玉萍　郁香荷

孙　猛　郝　义　何明莉　徐　铭

徐　凌　包丽杰　金　诚　赵新兵

魏国增

金盾出版社

内 容 提 要

本书由辽宁省农业科学院果树研究所副所长、研究员刘威生博士主编。内容包括提高杏栽培效益的重要性、杏栽培效益情况和提高杏栽培效益的努力方向,并着重阐述在品种选择、低劣品种树高接换优,选址建园,土肥水管理,整形修剪,花果管理,病虫害防治,果实采收、处理、贮运与加工,以及杏果营销等方面,如何走出误区,实现优质、高产与高效的生产目的。全书内容丰富,语言通俗,技术先进,可操作性强。适合广大果农、园艺工作者、杏加工产品经营者和农林院校有关专业师生参考使用。

图书在版编目(CIP)数据

怎样提高杏栽培效益/刘威生主编;刘宁等编著 . —北京:金盾出版社,2007.3
(农作物种植技术管理丛书)
ISBN 978-7-5082-4386-3

Ⅰ.怎… Ⅱ.①刘…②刘… Ⅲ.杏-果树园艺 Ⅳ.S662.2

中国版本图书馆 CIP 数据核字(2007)第 004660 号

金盾出版社出版、总发行

北京太平路 5 号(地铁万寿路站往南)
邮政编码:100036 电话:68214039 83219215
传真:68276683 网址:www.jdcbs.cn
彩色印刷:北京凌奇印刷有限责任公司
黑白印刷:北京天宇星印刷厂
装订:北京天宇星印刷厂
各地新华书店经销
开本:787×1092 1/32 印张:5.875 彩页:8 字数:124 千字
2010 年 11 月第 1 版第 4 次印刷
印数:34001—40000 册 定价:10.00 元

目　　录

第一章　效益问题至关重要

一、提高杏生产效益的含义及重要性

杏树原产于我国,资源丰富,种类繁多,栽培历史悠久。目前我国肉用杏的栽培面积近 27 万公顷,产量约 101 万吨;甜仁杏(大扁杏)的栽培面积为 25.5 万公顷,产量为 1.1 万吨;苦仁杏栽培面积为 142.8 万公顷,产量为 2.5 万吨。

一直以来,杏在我国果业中所占的比例很小,被视为"小杂果"。随着我国大宗果品如苹果、梨、柑橘等的大量发展,已出现结构性、阶段性、区域性的生产过剩,市场疲软,价格下跌,效益滑坡,迫切需要根据市场需求,进行果业结构调整。加之人们生活水平、生活质量提高以后,果品消费表现出周年性、多样化、高质量和保健性的特点。因此,发展杏等"小杂果",不仅可以满足果业结构调整的需求,还可以适应多样化、保健性的消费新趋势。

最近 20 年来,杏产业的发展受到国家的高度重视,农民的种植积极性也异常高涨,其栽植面积和产量逐年增加。随着果品产量的大幅度增长和市场需求结构的变化,果品产销形势也随之发生了较大的变化,呈现出历史性的转折,即由原来的卖方市场转入了买方市场,由数量增长转向了质量竞争。又由于杏果本身不耐贮运,而果农管理技术又相对落后,所生产的杏优质果率低,加之果品加工能力低和加工水平较落后等方面的原因,导致杏果在市场竞争中价格逐年下滑,特别是近两年表现尤为突出,严重地影响了果农种杏的积极性。因此,提高杏的果品质量迫在眉睫。

由于杏树抗寒,抗旱,耐瘠薄,易管理,因而在我国北方干旱、半干旱地区有着广阔的发展前景,表现出明显的经济效益、生态效益和社会效益。随着我国加入世界贸易组织(WTO)后,国际果品大市场、大流通的格局已经形成,最大限度地发挥我国品种资源、气候条件、人文基础的优势,发展杏等特色果品产业,应对国际竞争,实施外向型果业发展战略势在必行。这对于干旱贫困地区、边远少数民族地区果农收入增加、农业经济发展和农村生产生活条件改善,具有重要意义。另外,提高杏生产效益能极大地促进果农发展杏树的积极性,扩大生产规模,带动相关加工业、包装业和运输业等相关产业的发展。同时,还能促进果农增强打造名牌产品的意识,扩大优质杏果的出口,提升其竞争力。提高杏生产效益,提高果农的收入,对于稳定杏产业的健康发展意义重大。

二、目前杏生产效益的基本情况

(一)基本成绩

虽然近几年杏树发展处于下滑状态,但就杏树本身而言,发展潜力极大。目前,人们已经发现了杏的特有价值,正在利用这些优势,创造生产效益,为杏树健康发展奠定基础。

1. 杏的营养价值和药用价值均较高

杏果深受人们的喜爱,不仅是因为它风味独特,色泽美丽,更为重要的是它具有很高的营养价值和药用价值。据分析,在100克杏的果肉中,含糖10克,蛋白质0.9克,钙26毫克,磷24毫克,铁0.8毫克,胡萝卜素1.79毫克,维生素B_3 0.02毫克,维生素B_2 0.03毫克,维生素B_5 0.6毫克,维生素C 7毫克。在100克杏仁中,含脂肪51克,蛋白质27.7克,糖9克,磷385毫克,钙111毫克,铁7毫克。这些都是人体所需要的营养元素。另外,杏肉中还含有大量的胡萝卜素,约为苹果所含胡萝卜素量的22.4倍。据研究,杏果中的胡萝卜素在阻止肿瘤生成方面比维生素A更有效,它可以使人体少受辐射和超剂量紫外线照射的损害。此外,胡萝卜素还有明显的延缓细胞和机体衰老的功能。杏果特别是杏仁中含有更多的维生素E,对人体有重要的保健作用。近年来,国际及国内医药界发现苦杏仁含有丰富的维生素B_{17},又称苦杏仁苷,能有效抑制或杀死癌细胞,缓解癌痛。20世纪80年代以来,国际上先后报道了南太平洋岛国斐济人、喜马拉雅山南麓洪扎族人和南高加索地区的人,以及中国新疆南疆地区的人,多食杏干,很少有癌症发生,并且有百岁老人多的实例,进一步证实了杏的营养价值和药用价值是很高的。

杏仁中含粗脂肪51.2%～61.5%,其中油酸占60%～70%,亚油酸占18%～32%,棕榈酸和硬脂酸占2%～7.8%,大多为不饱和脂肪酸,对防治心血管病有疗效。因此,杏仁油是无色或微黄色、无特殊异味的高级保健食用油。丰富而又特殊的营养成分和药用价值,是发展杏生产、提高经济效益的自然有利条件。

2. 杏是重要的工业原料

杏果和杏仁等都是食品加工业的原料。在土耳其和澳大利亚,其杏产量的60%以上用于加工,主要是制干和制脯。在我国,杏作为加工原料,主要是加工成为糖水杏罐头、杏干、杏酱、杏酒、杏仁露和杏仁茶等产品。

杏仁油为不干性油,在-10℃时仍保持澄清,在-20℃时才凝结,因而是高级润滑油,用于航空和精密仪器的润滑或防锈。它也是高级塑料的溶剂,还是护肤化妆品及制造香皂的原料。

杏的核壳是制造活性炭的高级原料。活性炭是印染、纺织等工业中不可缺少的原料。杏核壳磨碎后,还可以作为钻井泥浆的添加剂。杏核壳作为多种工业的上好原料,推动了杏产业的健康发展。

3. 杏是出口创汇的传统产品

杏的加工制品及杏仁,是中国传统的出口创汇产品。2002年春季,新疆维吾尔自治区屯河集团一个重大项目——"万吨浓缩果汁"项目在喀什地区疏勒县建成,项目总投资为9 800万元,年处理鲜果3万吨,生产浓缩果汁1万吨。试投产1个月,生产合格浓缩杏浆2 500吨,出口后一下销售一空。另外,由绿洲果业公司生产的杏酒、石榴酒等饮料,也畅销国内外。中国北京、河北、山东、山西和上海等地加工的杏脯,畅销于亚太地区,被誉为"小金柿",销售价为3 500美元/吨。苦杏仁是中国的大宗传统出口商品之一,数十年来行情始终紧俏,主销于德国、英国、荷兰、瑞士、丹麦、瑞典、挪威和芬兰等国。1997年的出口销售价为17 290元/吨,年出口量在8 000吨左右,占国际市场苦杏仁销售量的80%。甜杏仁是中国特有资源,在国外被誉为"龙皇大杏仁",1997年出口价为34 670元/吨,出口创汇率居于中国土特产品之首。

4. 发展杏树是农民脱贫致富的重要途径

杏树栽培管理容易,栽后2～3年即结果,4～5年进入丰产期,而且果品一经加工,其产值便可大幅度增加。因此,发展杏生产是农民脱贫致富的一条好门路。辽宁省果树科学研究所 1988 年建串枝红杏示范园 667×1.7 平方米,1991 年 667 平方米平均产杏核 1 680 千克,1996 年达 5 000 千克,平均每 667 平方米收入 8 000 元。2003 年,辽宁阜新市彰武县平安乡 3 年生扁杏示范园,667 平方米效益达 2 000 元,7 年生 667 平方米效益近 3 000 元。而 2001 年,在阜新市大田作物接近绝收的情况下,全市产扁杏核 25 万千克(正常年份产量为 100 万千克),产值 250 万元。苦仁杏在正常年份可产杏核 250 万千克,产值 750 万元。可见,现阶段仁用杏产业是一个既治荒、又治穷的好项目。目前阜新市政府已把发展杏产业(山杏、扁杏)作为阜新市产业转型的重要内容,决定到 2007 年,全市大扁杏栽培面积在现有的 1.4 万公顷的基础上发展到 6.666 7 万公顷;山杏在现有的基础上发展到 6.666 7 万公顷,制干杏在现有的 933.3 公顷的基础上,发展到 3.333 3 万公顷。朝阳市政府决定实施"526"工程,即"发展山杏 300 万亩,大扁杏 100 万亩,大枣 100 万亩(共 500 万亩),实现年产值 26 亿元"。

杏果加工后增值效益十分可观。2004 年,在新疆维吾尔自治区原有屯河喀什果业杏浆生产基础上,应运而生的屯河英吉沙果业有限责任公司,在万吨无核杏干加工项目一期建设中,投入资金 5 000 万元,年产杏干总量可达 3 500 吨。该项目的竣工生产,实现了英吉沙县特色林果资源——赛买提杏的优势转化,并可吸纳 2 000~3 000 名从业人员。据屯河英吉沙果业有限责任公司经理介绍,预计每年有 3 000 余万元原料款赚到英吉沙 17 万果农手中,人均增加收入可达 100 元以上。该公司的建设为本地的招商引资、食品加工、包装与运输行业的发展,起到了很大的推动作用。

5. 杏树是改善生态环境的优良树种

杏树抗旱，耐寒，喜阳光并耐瘠薄，是公认的阻止荒漠化的先锋树种。在我国三北地区为防止沙荒的南侵，大量种植杏树，防止水土流失，收到了改善生态环境、提高经济效益和社会效益的综合治理的效果。同时，杏树也是北方主要的观赏树种之一，特别是由辽宁省果树科学研究所选育的辽梅杏、陕梅杏、红花山杏和绿萼山杏，已经成为北方地区重要的抗寒观花树种。同时，也为育苗者创造了相当的经济效益。

（二）主 要 问 题

1. 品种结构不尽合理，区域布局不够科学

我国的杏产量占世界总产量的 31%，是世界上最大的杏生产国。与其他国家相比，我国在杏品种资源和杏生产规模上具有优势。但是，杏生产中的品种构成极不合理，鲜食品种占 80%～90%，而世界发达国家则恰恰相反。杏果品一经加工，产品增值几倍甚至十几倍，生产效益极其显著。而作为时令性水果的杏，一旦遇到销售难的情况，就会极大地影响农民的收入。因此，杏加工品种比例的扩大十分必要。

杏树开花较早，极易遭受晚霜危害。所以，栽植杏树要选择背风向阳、小气候条件较好的地方建园。河南省渑池县地处河南省西部，属浅山地丘陵地带，几乎每年都有不同程度的冻花冻果发生。据笔者在渑池县气象局调查 1990～2000 年 11 年间的气象资料发现，有 9 年在花期或幼果期遭遇 −1.4℃～−3.5℃ 的低温冻害，只有 1997 年和 2000 年气象正常，部分管理好的果园有一定的经济产量，而其他 9 年均造成杏树大幅度减产乃至绝产。所以说，合理的区域布局很重要。

2. 对杏产品的市场开发意识不强

我国是世界杏的主要原产国之一,资源丰富,面积和产量均占有重要地位。但是,并没有发挥其自身的优势。就我国的特色树种大扁杏而言,据报道,到 2001 年,我国的扁杏仁出口量约 2 000 吨。由于产品开发和市场意识欠缺,扁杏仁主要的销售地区为我国香港。出口的国家与地区是美国、韩国和荷兰。还销往我国的澳门地区。苦杏仁产量的 40%～50%用于出口,其余应用于食品和医药等方面,这足以证明仁用杏产品在国内外市场需求之大和生产的不足。而其营养成分和用途与中国扁杏仁极其相似的美国扁桃仁(即巴旦杏仁)的生产与加工规模则相当大。扁桃仁在美国市场上的售价是10.85 美元/千克,在我国市场上售价为 60～80 元/千克;而我国生产的优质扁杏仁的价格仅为 30～40 元/千克。目前,我国每年要花 2 000 多万美元进口扁桃仁,美国的扁桃仁基本上占领了我国的杏仁市场,由此可见,我国的扁杏仁在国内外市场开发能力还是比较薄弱,需要大大加强。

3. 栽培管理技术相对滞后,优质果率低

由于杏树是公认的抗逆性较强的树种,也被认为是耐粗放管理的树种,因此,其栽植区域的自然条件较差,农民的管理技术较落后,对施肥、打药的时期和方法掌握不准,修剪方法不当,致使杏果本身的特性、优势没有表现出来,优质果生产率较低。

4. 加工企业规模小,加工产品少,加工能力薄弱

据报道,中亚国家对新疆杏酱需求量每年为 8 000 吨。2001 年,屯河集团喀什分厂仅加工出口 3 000 吨杏酱,远远不能满足需要。目前,国内苦杏仁加工产品单一,主要用于加工杏仁露,如河北省承德市的露露,辽宁省凌源市的嘉乐杏仁

露。而扁杏的深加工系列产品及在市场竞争中强有力的龙头
企业更少。河北省的蔚县杏扁公司,于1998年开发研制的扁
杏仁脱衣生产线,年加工能力为600吨,其代表产品是"华蔚"
牌扁杏脱衣白仁。1999年新上的年加工能力为200吨的各
类扁杏熟食休闲食品生产线,现已开发出糖类、椒盐、巧克力
等12个休闲熟食试销产品。虽然上述企业初具规模,但比起
国外的杏产品加工大公司来说,无论是在生产能力和产品种
类方面,还是经济效益方面,都有很大的差距。所以,要想立
足市场,拉动仁用杏的集约化生产,就必须要有规模和实力都
很强大的龙头企业作后盾。

三、提高果品生产效益的努力方向

(一)加强新品种的引进和选育,
实现生产良种化

加工品种的引进和选育,不但能改善我国杏的栽培结构,
而且能生产出优质的加工产品,扩大出口,同时带动相关产业
的发展。积极引进和选育国内外的优新品种,特别是加工品
种,对于实现杏栽培的良种化,提高杏栽培效益,将起到极大
的推动作用。

(二)打造名牌产品,实现
出口规模扩大化

要想产品能长久立足市场,除了严抓质量外,还必须树立
自己的品牌。美国加州蓝宝石杏仁公司的"Blue Diamond
Almonds"扁桃仁产品,就是成为世界著名品牌后而长期畅销

的。因此,只有拥有自己的名牌产品,才能迅速扩大知名度,为推动产品销售、扩大出口规模和占领国内外市场,奠定坚实基础。

(三)建立杏良种基地,实现栽培技术规范化

我国杏树主要栽培地区的土质均较瘠薄,加上果农对扁杏的生长结果习性缺乏了解,不能科学栽培而造成单位面积产量低,杏仁质量差,严重影响了经济效益。要改变这种局面,必须采用先进的栽培技术和管理措施,在这些地区建立一处或几处高标准示范基地,作为果农学习和示范的场地。国家农业部从 20 世纪 80 年代初开始,在全国不同地区建立适合各地区发展的优良杏品种生产基地,例如山东省崂山的崂山红杏基地,河北省巨鹿的串枝红杏基地等。通过这些基地的建立,对新品种的开发、推广起到了很大作用。

(四)实现产品加工形式多元化

扁杏仁是食品、医药和化工等多种工业的原料,经深加工后可大幅度增值。如杏仁中的脂肪含量为 56.2%～61.5%,2 千克杏仁可加工 1 千克多杏仁油。杏仁油为不干性油,它在国内的售价为 110～120 元/千克,在国际市场上为 57.5 美元/千克(1997 年美国),主要用于航空和精密仪器的润滑和防锈,还是制造高级化妆品的原料等。取油后的杏仁粕还含有 42.9% 的蛋白质,可加工成高蛋白质的杏仁粉,国内售价为 25 元/千克。杏仁粕中含有 3%～4% 的苦杏仁苷(维生素 B_{17}),是防癌物质,在国际市场上售价为 3.2 美元/克。另外,杏核壳是加工活性炭的一级原料,国内活性炭价格为 1.5～

1.7 万元/吨。

　　扁杏加工后的附加值比原料要高出数十倍。美国加州的蓝宝石杏仁公司,收购加州 4 000 多户扁桃种植者的扁桃仁,然后加工成盐炒果仁、粘糖果仁,并以扁桃仁为原料加工制作巧克力糖、高级糕点、糖果、干果罐头和饮品等 100 多种高档产品,销往美国 50 个州和世界 92 个国家和地区,2000 年销售额达 10 亿美元,使扁桃仁加工业成为该州的第二大支柱产业和全美国第六大食品出口商品。如果国内能有几个这样的杏产品加工厂,使杏加工的产品多样化,那么,包括仁用杏在内的杏生产量,是远远满足不了国内外市场需求的。

　　今后,随着杏树生产规模的不断扩大,其产后的加工能力必须增强,相应的龙头企业必须具有加工能力强、规模大的特点,做大、做强龙头企业,必然带动杏产业的发展,也可带动相关产业和当地经济的发展。到那时,一个市场带企业、企业带基地、基地带农户的经济链,将逐步形成并完善,最终实现果实增产、果品增值、企业增效、农民增收的良好局面。

第二章　品种选择

优良品种是优质高效农业生产的基础,在杏果生产中应充分发挥杏资源优势和优生区域优势,以及先进的栽培技术优势。生产要适应市场的变化,市场的导向决定着品种的发展方向。

一、认识误区和存在问题

1. 品种选择带有一定的盲目性

长期以来,随着杏产业发展速度的提高,优良品种的引进与推广,愈来愈受到生产者的重视,在满足市场需要方面起到了良好的作用。然而,为了快速提高栽培效益,某些生产者却忽视了优良品种的适应范围,一窝蜂地发展某一优良品种,使得优良品种的优良特点不能得到充分的表现。因为每个品种都具有地域性,外地的好品种不一定适宜在本地种植。不看适应范围和地力条件,盲目追求具有某方面优点的品种,以致降低了优良品种的商品价值。

2. 早、中、晚熟品种比例搭配不当

有的地方在选择杏品种时,往往只看产量水平,不看品种比例,结果生产品种成熟期过于集中,多为中熟品种,鲜果供应期短。成熟期过于集中,品种结构不合理,使杏树的栽培效益难以迅速提高,从而限制了杏树生产的标准化、商品化、产业化发展。

3. 品种老化,授粉品种的搭配重视不够

已建杏园缺少授粉树,或新建杏园授粉树搭配不当。在

仁用杏生产中,目前重栽轻管现象严重。有一部分杏园是按造林方式栽培的,品种老化,授粉品种配置极不合理。从全国范围看,平均每667平方米的甜杏仁产量,盛果期树只有30~50千克,经济效益普遍不高。

4. 发展品种没有适应市场的导向

栽培的杏品种不能适应市场的变化,名优品种市场占有率低,产品不能进入超级市场。存在片面求新的问题。新品种一般是指经过区域试验、生产试验并经省农作物品种审定委员会审(认)定,在产量、品质和抗性等方面表现优异的品种。但在市场上,一些单位和个人往往将刚培育出来、未经过区试及生产试验的新品系,就以新品种的名义向农民宣传,有的甚至将已被淘汰的品系,也冠以新品种的名义大量推销,结果引种后造成失误。

5. 栽培比例不当

品种结构不合理,原有杏品种资源中,综合性状优良的品种少;部分引进品种的适应性较差等。这些问题越来越突出,成为制约我国杏产业发展的主要问题。同时,它也给杏的育种者及杏资源的研究者提出了艰巨的任务,使其意识到,只有深入挖掘品种潜力,培育、选育或引入综合性状优良的新品种,才能适应我国杏产业的发展。生产品种多为中熟品种,鲜果供应期短;适于加工和贮藏的品种少,产量和果实的品质低。

二、提高品种选择效益的方法

为了提高栽培效益,应推出适宜当地生态条件的早、中、晚熟优良新品种,增加极早熟和极晚熟的杏品种和适宜保护地栽培的早果、丰产、短低温的品种；为了丰富品种的多样性，推出了果皮着色不同、果肉颜色不同和果实大小不同的杏品种，以及制干、制酱、制脯、仁用、仁肉兼用、观花和观果等用途的杏品种。

（一）优良品种应与所在地区的生态条件相适应

杏属植物抗寒，抗旱，耐瘠薄能力强，在中国分布极为广泛，但主要分布在我国的北方地区。在中国的热带地区，即台湾、海南岛、西双版纳、福建的中部和南部、广东、广西的大部分地区，仅有梅这个种，而未见杏属其他植物种。在西藏海拔3 800米以上地区，也没有发现杏属资源。长期以来，根据各地的自然气候条件（温度、光照、土壤质地、降水量等生态环境因素）、生产规模、品种资源和利用的差异，形成了各种与环境条件相适应的杏品种，自然形成了五个各有特色的地理分布区域：即东北寒带杏区、华北温带杏区、西北干旱带杏区、西南高原杏区和热带—亚热带杏区。这种杏生产栽培地区划分，主要体现了所谓"三向（经向、纬向、垂直向）地带性"规律，即随着经度的减少，降水量呈递减的趋势，杏分布则相应表现为：湿润型—半湿润型—耐寒型走向；随着纬度的增高、温度的递减变化，杏分布表现为：喜温型—温和型—耐寒型走向；随着海拔的增高、热量条件相对降低的变化，杏分布则相应表现为喜温型向耐寒型过渡变化。杏生产栽培地区的划分，为生产引种和适地适栽（基地建设）提供了理论依据，因而能够因地制宜地选择品种，使其适应当地的环境条件，进一步发挥生产潜力，从而更好地坚持统筹规划和产业化经营的原则，做到地方经济建设和农民增收紧密相结合，突出地方特色

- 13 -

和基地化发展相协调,达到增进品质、增加产量、降低成本和提高经济效益的目的。

1. 杏区划分

(1) 东北寒带杏区 包括内蒙古的包头以东地区,辽宁沈阳以北的地区及吉林和黑龙江等地。年平均气温为 3℃～8℃,极端最低气温为 -38.1℃,≥10℃年积温为 2 000℃～3 000℃,年无霜期为 100～150 天,年结冰期为 150～200 天,年沙尘暴日数为 2～15 天,年降水量为 240～700 毫米,年日照时数为 2 500～3 000 小时。杏属资源有普通杏、西伯利亚杏和辽杏 3 个种,并有山杏、垂枝杏、李光杏、陕梅杏、熊岳大扁杏、毛叶杏、辽梅杏和光叶辽杏等 8 个变种。其中以西伯利亚杏及其变种分布最广,主要集中在大兴安岭、小兴安岭和内蒙古与吉林、辽宁、华北各省接壤的地区,呈野生或半野生状,有良好的固沙作用。辽杏及其变种主要分布在吉林和辽宁的东部。在长白山东麓的鸭绿江沿岸,有垂枝杏和山杏的变种与类型。辽梅杏的野生植株,原产于辽宁西北部的北票县大黑山林区,李光杏仅在辽南和辽西的建平县有少量引种,陕梅杏可栽至吉林的公主岭和长春等地。普通杏是本区的主要栽培种,主要分布在松辽平原及两侧的丘陵区,栽培的最北界至黑龙江的富锦、绥棱和齐齐哈尔一带,垂直分布在海拔 200 米以下。

近年来,内蒙古东部的赤峰市和哲里木盟,辽宁的朝阳市和阜新市,吉林的白城地区,以及黑龙江的齐齐哈尔市,都在积极发展仁用杏。

(2) 华北温带杏区 包括河北、河南、山东、山西、陕西、北京、天津、甘肃兰州以东地区、辽宁沈阳以南地区,以及安徽和江苏的北部。该区的年平均气温为 6℃～12℃,极端最低气

温为 -31.1℃,≥10℃的年积温为 2 500℃～4 000℃,年无霜期为 160～180 天,年结冰期为 125～200 天,年沙尘暴日数为 5～15 天,年降水量为 500～800 毫米,年日照时数为 2 400～2 800 小时。杏属资源有普通杏、西伯利亚杏、志丹杏、李梅杏和梅 5 个植物种。其变种有普通杏、李光杏、陕梅杏、辽梅杏、熊岳大扁杏、重瓣山杏和西伯利亚杏等。有许多著名的优良栽培品种和仁用杏良种。本区的普通杏、西伯利亚杏和李梅杏这 3 个种分布较普遍,而志丹杏仅见于陕西志丹县的太平山中。梅除江苏、安徽和河南外,在陕西城固县黄沙乡的海拔 650 米处,也散生野梅资源。适宜高寒区的杏树优良品种,有陕西华县的大接杏、龙王帽、薄壳一号和阳高京杏等。

(3) 西北干旱带杏区 包括新疆、青海、甘肃的兰州以西、内蒙古包头以西,以及宁夏地区。该区属温带,年平均气温为 6℃～12℃,极端最低气温为 -41.5℃,≥10℃的年积温为 3 000℃～4 000℃,年无霜期为 150～200 天,年结冰期为 116～200 天,年沙尘暴日数为 5～30 天,年降水量为 20～400 毫米,年日照时数为 2 600～3 000 小时。杏资源有普通杏、西伯利亚杏和紫杏 3 个种。在普通杏中有普通杏、李光杏和垂枝杏 3 个变种。在内蒙古的大青山和乌拉山,宁夏的贺兰山,甘肃的秦岭西麓山地、子午岭和兴隆山区,新疆的天山和伊犁河谷等地,都有普通杏的野生和半野生资源。在内蒙古的大青山和宁夏的贺兰山区,以及甘肃的腾格里沙漠边缘地区,有西伯利亚杏资源的分布。紫杏分布于新疆的巩留和鄯善,以及伊宁的叶城四乡。垂枝杏仅见于甘肃的酒泉地区。在宁夏中卫的林场和蔡桥,分布有零星的梅树。分布最广、栽培最多的是普通杏和李光杏这两个变种。在新疆的南疆,其杏树主要栽培品种有赛买提、黑叶杏、白油杏、胡安娜、克孜朗、小白杏和库买提等,其中以赛买提品种栽培较为集中。还有几十个品种(系)及一些变异类型零星分布于该区之内。

(4)热带—亚热带杏区 包括江苏与安徽两省的中部和南部、上海、浙江、江西、福建、湖北、湖南、广东、广西、海南和台湾等地。杏属资源有梅、普通杏及政和杏3个种。梅分布于本区全境,是中国梅的主要产区。其中台湾产量最多,其次是广东、浙江和江苏。普通杏中主要是野杏这一变种,零星分布在各地,而且由北向南渐少。本区不是中国杏的主产区,虽然杏的栽培不多,但能力很强,除利用本区自产的梅和杏之外,还把其他产区,甚至收集新疆和东北的杏加工话梅和话杏,销往日本和东南亚。

(5)西南高原杏区 包括云南、贵州、四川、重庆和西藏地区。杏属资源有藏杏、梅和普通杏这3个种。藏杏分布于西藏的东部和东南部、云南的西北部和四川全省。梅则分布于云南、贵州、四川和西藏东南地区,其中云南的西北、四川的西南部至西藏东部一带是中国梅的分布中心,也可能是起源中心。在这里野梅分布相当集中,呈连续型水平分布,有成片的野梅林。普通杏的野生和半野生资源,以及变种野杏资源,分布也相当广泛,但在北回归线以南的西双版纳地区,以及西藏海拔4 000米以上的地区,尚未找到普通杏资源。

2. 北部地区适栽杏优良品种

(1)早熟杏优良品种 保存于国家果树种质熊岳李杏圃内,适合北部地区栽培的杏优良早熟品种,有龙垦1号、金杏、二转子、金妈妈杏、龙园桃杏和银香白等。龙垦1号,适宜在东北及西北地区栽培,现已在黑龙江、吉林、辽宁和甘肃等地推广栽培。金杏可在年平均气温7℃以上的地区发展,在辽宁和内蒙古地区栽培均表现良好。二转子原产于陕西礼泉,是目前在国家果树种质熊岳李杏圃内保存果实最大的品种资源,可以在华北、西北和辽宁南部等地发展。金妈妈杏原产于甘肃兰州,是兰州地区优良的鲜食品种,可在华北和辽宁以南地区发展,已在甘肃、宁夏、内蒙古、辽宁和陕西等地栽培。龙园桃杏已在黑龙江、吉林、辽宁、内蒙古、河北及新疆乌鲁木齐等地推广。银香白可以在华北、西北和辽宁南部等地的城市附近大面积栽培,在陕西、辽宁、甘肃等地均表现良好。

(2)中熟杏优良品种 中熟杏优良品种有阿克西米西、临潼银杏、张公园、马串铃、华县大接杏、黄甜核、软核杏和仰韶黄杏等。阿克西米西原产于新疆库车,可以在西北、东北南部干旱地区栽培。主要分布于阿克苏地区。临潼银杏原产于陕西临潼,分布于陕西、辽宁和河北等地。张公园原产于陕西三原,已在陕西、山西、新疆、河北、辽宁和吉林等地栽培。马串铃原产于陕西大荔马坊渡一带,主要在陕西和山西栽培。华县大接杏原产于陕西华县,在华北、西北和辽宁南部地区均能丰产稳产,现分布在陕西、甘肃、宁夏、河北、北京、辽宁和河南等各地。黄甜核原产于河北魏县,在河北、内蒙古及辽宁等地均有分布。软核杏原产于辽宁凌源。仰韶黄杏可在西北、华北、华中和华东的北部,以及辽宁南部等地栽培,现已分布于河南、山西、河北、北京、辽宁、山东和陕西等地,在河南西部栽培最多。

(3)晚熟杏优良品种 晚熟杏优良品种有东宁二号、兰州大接杏、牡红杏、唐汪川大接杏、龙园黄杏、甜仁黄口外、串枝红杏、海东杏和锦西大红杏等。东宁二号原产于黑龙江东宁县,主要分布于黑龙江、吉林和辽宁等地。兰州大接杏原产于甘肃,分布于甘肃、河北、辽宁、山东和陕西等地,在甘肃兰州栽培最多。牡红杏在黑龙江省的东部和南部的牡丹江半山间温凉区和松花江平原温凉湿润区,选择小区气候好的地域均可栽植。唐汪川大接杏原产于甘肃东乡族自治县唐汪川,现在甘肃、陕西、宁夏、辽宁、内蒙古和青海等地栽培。龙园黄杏目前在吉林、辽宁、河北沽源、内蒙古及新疆乌鲁木齐等地引种试栽。甜仁黄口外原产于宁夏,分布于宁夏、甘肃和辽宁等地。串枝红杏原产于河北巨鹿,在辽宁、山东、北京、甘肃、山西、四川和黑龙江等地已栽培推广。海东杏原产于陕西西安,主要分布于西安、青海民和及辽宁熊岳等地。锦西大红杏原产于辽宁葫芦岛连山区,分布于辽宁、河北和山东等地,在辽宁西部栽培最多。

(4)极晚熟杏品种 极晚熟杏品种有李光杏和晚杏。李光杏原产于新疆,分布于甘肃、河北、内蒙古、辽宁、四川和陕西等地,以新疆、甘肃和河北栽培较多。晚杏原产于辽宁东沟,主要分布在辽宁东部地区。

3. 南部地区适栽杏优良品种

适合于南部地区栽培的杏品种,除上述品种外,还有以下杏品种:

(1)极早熟杏优良品种 极早熟品种有骆驼黄杏、金星、秦杏1号和试管红光1号等。骆驼黄杏原产于北京市门头沟,适宜在辽宁大石桥以南地区发展,河北、北京、天津、山东、山西、陕西和甘肃等省已推广栽培。金星现已在河北和辽宁部分地方栽培。秦杏1号系陕西省果树研究所选育。试管红光1号已在山东推广栽培。

(2)早熟杏优良品种 早熟品种有红袍杏、早橙杏、金香、铁八达、红玉杏、沙金红1号、西山麦黄和山黄杏等。红袍杏原产于辽宁北宁,现已在辽宁和河北等地栽培,是辽宁西部主要的栽培品种。早橙杏原产于山东崂山,现主要在辽宁、山东、山西、河北和北京等地栽培。金香是中国农业科学院郑州果树研究所,1994 年在河南郑州发现的农家品种。铁八达原产于北京,在辽宁、河北和北京等地均已推广栽培。红玉杏原产于山东历城和长清,可在华北和东北南部地区大面积推广,现已在山东、河北和辽宁广泛栽培。沙金红 1 号原产于辽宁东沟,作为主栽品种在辽宁、河北和山东等适栽区,可以大量发展。现已在辽宁和河北等地作为主栽品种发展。西山麦黄原产于北京地区,可在辽宁南部和华北地区交通便利的城郊栽植。山黄杏原产于北京昌平,可在华北、西北和辽宁南部地区大面积栽培,现已在北京、辽宁、河北和山西等地栽培发展。

(3)中熟杏优良品种 中熟杏优良品种有试管桃杏 1 号、玛瑙杏和辽阳红杏等。试管桃杏 1 号为山东省果树研究所用红荷包杏和二花槽杏杂交,胚培育成。玛瑙杏原产于美国,在山东和河北等地利用玛瑙杏作保护地栽培品种和授粉树。辽阳红杏原产于辽宁辽阳,系地方品种。

(4)晚熟杏优良品种 晚熟杏优良品种有苍山红杏梅、巴斗杏、崂山关爷脸、红金臻和金皇后等。苍山红杏梅原产于山东苍山,现已在山东和辽宁等地栽培。巴斗杏原产于安徽萧县,是安徽淮北地区古老品种。现在主要分布于安徽、河南和山东等地。崂山关爷脸可在华北地区及辽宁南部推广栽培。红金臻原产于山东招远。金皇后为陕西省果树研究所选育,现已在山东和辽宁等地栽培。

(5)极晚熟杏优良品种 极晚熟杏优良品种有曲阜红杏梅、昌黎杏梅和美国李杏。曲阜红杏梅原产于山东曲阜,现已在山东和辽宁等地栽培。昌黎杏梅原产于河北。美国李杏为美国用杏和李杂交而育成的品种,现已在辽宁栽培。

（二）实行早、中、晚熟品种合理搭配

坚持以市场为导向的原则，合理调整品种结构，实行早、中、晚熟品种合理搭配，使生产品种成熟期分散，延长鲜果供应期，重点发展市场竞争力强、出口创汇潜力大和适宜深加工的名特优杏品种，提高鲜果和加工产品在国内外市场的竞争力。这样，杏树的栽培效益才能迅速提高，使杏树生产向标准化、商品化和产业化方向发展。

1. 杏品种的熟期分类

按果实成熟期的不同，杏可以大体分为早熟品种、中熟品种和晚熟品种。由于杏的分布范围很广，各地物候期差异很大，根据果实成熟的具体日期来确定早、中、晚熟品种，只可在同一地区内进行，而在全国甚至世界范围内比较早、中、晚熟品种，只有以果实发育期（自盛花期至果实成熟期所需日数）来确定才更为确切。按果实发育期通常把杏品种分为极早熟、早熟、中熟、晚熟和极晚熟五类。

（1）极早熟品种 果实发育期≤60天。属于此类品种的有各地的麦黄杏、骆驼黄杏、红丰和新世纪等。该类品种果实多为小型，品质多不及中早熟品种，但因成熟期正值果品淡季，故经济价值高，是极具开发价值的一类杏品种。

（2）早熟品种 果实发育期为61～70天。此类品种不是很多，如山黄杏、早橙杏、沙金红1号和二转子等。由于该类品种的成熟期也值果品淡季，一些品种的果实品质优良，果个大，因此，有些品种也是很有开发潜力的，具有较高的经济价值。

（3）中熟品种 果实发育期为71～80天。此类品种极多，包括我国大部分杏品种，其中有很多著名的地方品种，品

质优良,如华县大接杏、银香白、兰州大接杏、鸡蛋杏和崂山关爷脸等。

(4)晚熟品种 果实发育期为81～90天。此类品种也包括我国一些著名的地方品种,但为数不多,如串枝红杏、石片黄杏和真核香白等。该类品种由于成熟期晚,品质优良,在东北地区具有一定的开发价值。

(5)极晚熟品种 果实发育期超过90天。此类品种更少,可以作为生产栽培的品种有盘山杏梅、晚杏等。该类品种将占有杏的果品市场,极具发展前途;而有些品种如冬杏、十月杏和晚熟杏等,由于品质欠佳,只可以作为极晚熟品种的育种材料。

2. 极早熟品种介绍

(1)骆驼黄杏 原产于北京市门头沟,是极早熟的优良鲜食杏品种。1990年通过农业部鉴定,被列为优异杏种质资源。1991年,辽宁省科委将其列为重点区试品种,1995年通过辽宁省农作物品种审定委员会审定。现已保存于国家果树种质熊岳李杏圃内。

果实圆形。平均单果重49.5克。最大单果重78.0克。果顶平,微凹。果皮底色黄绿,阳面着红色。果肉橙黄色,肉质较细软,汁中多,味甜酸。果肉含可溶性固形物9.6%～11.5%,总糖7.1%,总酸1.9%～2.0%,维生素C 5.4～5.8毫克/100克。粘核,仁甜。品质好。果实可存放7天左右。

在辽宁熊岳,该品种于3月下旬花芽萌动,4月中旬开花,花期5～7天,果实于6月上中旬成熟,果实发育期约55天。4月中下旬叶芽萌动,10月下旬落叶,树体营养生长期约190天。

树冠自然圆头形,树势强。栽后2年即能开花结果,丰产;4～6 年株产果 5～40 千克;7 年生进入盛果期,7～10 年株产果量为 70～100 千克。连续结果能力强,以短果枝结果为主,采前落果轻,自花不结实。萌芽率为 44%,成枝率为 40%。在辽宁省各地试栽,尚未发生冻害现象。室内外观察鉴定表明,该品种抗寒力较强;抗流胶病、细菌性穿孔病、疮痂病能力也较强。适宜的树形是延迟开心形和疏散分层形。适宜配置的授粉树品种主要有红玉杏、红荷包杏、华县大接杏和临潼银杏等。

(2)金 星 为河北农业大学从串枝红杏的自然授粉实生后代中,所选育出的特早熟杏新品种。1994 年通过河北省科委组织的技术鉴定。现已保存于国家果树种质熊岳李杏圃内。

果实圆形。平均单果重 33.1 克,最大单果重 65.0 克。果面橙黄。果肉橙红色,肉质细,风味甜酸适口,香气浓郁。苦仁。果实在室温下可存放 5～17 天。品质上等。

在辽宁熊岳,该品种于 3 月下旬花芽萌动,6 月中下旬果实成熟;在河北省保定地区,4 月初开花,5 月底果实成熟。

坐果率高,进入结果期早,是对花期低温有较强抗性的早熟鲜食品种。生产中,采用自然圆头形树形,其授粉树宜配置串枝红杏和明星等品种杏树。

(3)秦杏 1 号 果实近圆形。平均单果重 85 克,最大单果重 120 克。果皮绿黄色,阳面着红色。果肉浅黄色,肉质硬韧,味酸甜,离核,甜仁。常温下可存放 10～15 天,5℃ 温度下可贮藏 30 天以上。

在陕西西安地区,该品种于 3 月上旬萌动,果实于 5 月下旬成熟。

抗霜冻能力强,耐干旱,成熟期遇雨不裂果。果实极耐贮运,是抗逆性强的早熟鲜食品种。树形采用纺锤形。授粉品种宜用红梅杏、凯特和葫芦蜜等。

(4)试管红光 1 号 原名试管红光。为山东省果树研究所用红荷包杏和二花槽杏杂交,胚培育成。2000 年 5 月,通过山东省科技厅组织的国内同行专家鉴定。

果实椭圆形。平均单果重 67.3 克,最大单果重 90.0 克。果顶尖,果皮黄色。果肉黄色,肉质细,甜酸适口,有香气;仁苦。在山东泰安,于 3 月下旬开花,5 月中下旬果实成熟。树势中庸。花期抗霜冻力强。丰产稳产,是早果的鲜食品种。

3. 早熟品种介绍

(1)红袍杏 果实圆形。平均单果重 26.0 克,最大单果重 37.8 克。果顶平;果皮黄绿色。果肉绿黄色;肉质硬,味甜酸。含可溶性固形物 10.7%,半离核,仁甜。品质中等。在辽宁熊岳,于 4 月初花芽萌动,6 月下旬果实成熟。成熟早,在辽宁市场很具竞争力,是鲜食和加工兼用的品种。

(2)早橙杏 果实近圆形。平均单果重 80 克,最大单果重 96 克。果顶微凹,果皮底色橙黄。果肉橙黄色,肉质松脆,纤维少,酸甜味浓。常温下,果实可贮放 7 天左右。

在辽宁熊岳,于 4 月初花芽萌动,6 月下旬成熟。丰产,果实大,是极优的早熟鲜食品种。

(3)金 香 代号为 98-8。是中国农业科学院郑州果树研究所,1994 年在河南郑州发现的农家品种,1998 年被选为优良新品系。

果实近圆形。平均单果重 100 克,最大单果重 180 克。果顶平,果皮底色橙黄。果肉金黄色,香甜味浓,含可溶性固形物 13.2%。离核,仁甜。品质上等。常温下,果实可贮放 5～7 天。

在河南郑州地区,于3月上旬花芽萌动,6月上旬成熟。栽后2年开始结果,果实极大。早实,丰产稳产,是一个优良的早熟鲜食杏新品系。生产中需配置98-6、仰韶黄杏与凯特等授粉品种。

(4)龙垦1号 原产于黑龙江宝清县。1985年经黑龙江省农作物品种审定委员会审定并命名。

果实圆形。平均单果重30.0克,最大单果重45.0克。果顶平,果皮黄色。果肉橙黄色,味甜酸,有香气;仁苦。品质中等。常温下,果实可贮放5天左右。成熟早,耐运输,抗病虫,是优良的早熟抗寒品种。

(5)铁 八 达 果实扁圆形。平均单果重32.5克,最大单果重66.8克。果顶平,果实底色黄绿色,着紫红色。果肉橙黄色,味酸甜,微有香气;仁苦。品质上等。常温下果实可贮放5~6天。耐贮运,抗寒,抗旱。是丰产的鲜食品种。

(6)金 杏 别名黄接杏、京杏。原产于内蒙古包头。为内蒙古地区的主要推广品种。在1984年内蒙古自治区杏果实鉴评会上名列第一名,1990年通过农业部鉴定,被列为优异品种。

果实卵圆形。平均单果重32.1克,最大单果重45.2克。果顶圆形。果实底色淡黄色。果肉黄色,味甜酸适度。常温下果实可贮放5天左右。仁苦。抗旱力强,是品质优良的鲜食品种。生产中需栽植授粉树种2个或3个。

(7)红 玉 杏 别名红峪杏、大峪杏。原产于山东历城、长清,为当地主要栽培品种。俗称"大会杏"。已有2 000多年的栽培历史。早年作为贡品,被汉武帝食后誉为杏中佳品,故又称为"汉武杏"。1987年,被国家农业部定为杏的名特优品种之一。

果实卵圆形。平均单果重 85.0 克,最大单果重 125.0克。果顶平,微凹;果实底色橙红色。果肉厚,橙黄色,酸甜可口,有清香。仁苦。品质极上等。耐贮运。极丰产。适应性强。为鲜食和加工兼用的优良品种,是山东省出口杏的主要栽培品种。生产中,可采用串枝红和杨继元杏作授粉品种。

(8)沙金红1号 果实卵圆形。平均单果重 85 克,最大单果重 135 克。果顶圆,柱头残存。果皮橙黄色。肉质细,硬,味酸甜。仁甜。品质上等。常温下果实可贮放 5～7 天。在辽宁熊岳,于 4 月初花芽萌动,6 月下旬至 7 月初果实成熟。丰产。抗逆性强。用其果肉制作的杏脯、杏罐头为优质产品,是鲜食、加工兼优品种。在生产中,适宜树形是延迟开心形和疏散分层形;适宜授粉品种为骆驼黄杏和红玉杏。

(9)二 转 子 果实长圆形。平均单果重 133.0 克,最大单果重 180.0 克。果顶平或微凹;果皮底色绿黄。肉质致密,细软,酸甜味浓,有香气。仁甜,饱满。品质较佳。常温下,果实可贮放 5 天左右。

树体高大。树势较强。适应性广,对风、霜等灾害也有相当的抵抗力。果实在市场上售价很高,是极有发展前途的大果型鲜食杏品种。

(10)西山麦黄 果实扁圆形。平均单果重 48.2 克,最大单果重 74.6 克。果顶微凹,果实底色绿黄。果肉浅黄色,肉质松软,风味甜酸,有余苦。含可溶性固形物 10.6%。粘核,仁苦。品质中上等。树体适应性强,抗寒、抗旱力强。鲜食品种。适宜的树形是延迟开心形,授粉品种为银白杏和黄干核。

(11)金妈妈杏 果实卵圆形。平均单果重 46.3 克,最大单果重 58.0 克。果顶尖圆;果皮橙黄色,果皮薄,不易剥离。果肉黄色,味酸甜,香气浓。半离核,仁甜。常温下,果实可贮放3～7天。

在辽宁熊岳,于7月初果实成熟;在甘肃兰州地区,于6月末果实成熟。树形采用自然开心形。用荷包杏和小红杏作授粉品种。

(12)龙园桃杏　原代号为82-2,是黑龙江省农业科学院园艺研究所播种义和杏自然杂交产生的实生苗中选出。1995年,通过黑龙江省农作物品种审定委员会审定,并命名推广。1996年,获黑龙江省农业科技进步二等奖。

果实卵圆形。平均单果重65.0克,最大单果重82.0克;仁苦。品质上等。在黑龙江省哈尔滨,于4月上旬花芽萌动,7月中旬果实成熟。坐果率高,极丰产。采前不落果,不裂果。抗寒、抗旱、抗病性均强。可作为鲜食品种发展。配置黑龙江省农业科学院园艺研究所选育的4号杏、3号杏等作授粉树。树形采用自然圆头形或疏散分层形。

(13)山 黄 杏　别名金玉杏。原产于北京昌平。1990年通过农业部鉴定,被列为优异品种资源。现保存于国家果树种质熊岳李杏圃内。

果实扁圆形。平均单果重44.4克,最大单果重80克。仁苦。品质上等。常温下,果实可贮放5～7天。抗逆性强,是鲜食和加工兼用的优良矮化品种。用其果肉加工的杏脯和杏罐头品质非常好。

(14)银 香 白　原产于陕西西安草滩农场,系地方良种。是白杏类果实最大的品种之一。已在国家果树种质熊岳李杏圃内保存。

果实扁圆形。平均单果重75.6克,最大单果重125.0克。果顶平或微凹。果皮底色绿白,果皮薄,不易与果肉剥离。果肉白绿色,酸甜适口,味清香。离核,核大;仁甜,饱满。品质极上等。常温下,果实可贮放 7 天左右。其适宜的授粉品种有华县大接杏、临潼银杏、骆驼黄杏和串枝红等品种。

4. 中熟品种介绍

(1)试管桃杏 1 号 系山东省果树研究所用红荷包杏和二花槽杏杂交,胚培育成。2000 年 5 月,通过山东省科技厅组织的国内同行专家鉴定。

果实卵圆形或圆形。平均单果重 55.0 克,最大单果重75.0 克。果顶突尖;果皮黄色。果肉黄色,肉质细,酸甜适口,味浓,有香气;含可溶性固形物 18.0%。离核,仁苦。品质中上等。

在山东泰安,于 3 月下旬初开花,比其他姊妹系早,于 5月底果实成熟。自然坐果率为 17%。抗寒,抗旱,适应性较强。不丰产。是较好的中熟鲜食品种。

(2)阿克西米西 在辽宁熊岳,于 4 月初花芽萌动,6 月末成熟;在新疆库车地区于 3 月中下旬萌芽,6 月下旬果实成熟。

有隔年结果习性,采前落果重。抗风,抗涝,抗盐碱,抗寒,极抗旱。较丰产。果实极小,平均单果重 18.8 克。汁少,味酸甜适度,仁香甜。耐运,适于制干。是优良的鲜食与制干品种。

(3)临潼银杏 原产于陕西临潼,系地方良种。果实圆形。平均单果重 56.2 克,最大单果重 83.0 克。果顶平,果皮黄色。果肉橙黄色,肉质细,酸甜,味浓;可溶性固形物含量为 13.3%。仁甜,品质上等。丰产。适应性强。是优良的中熟鲜食品种。

(4)张公园 树冠圆锥形。3 年生开始结果。抗寒,抗旱,适应性强,极丰产,稳产。果实偏卵圆形。平均单果重80.0克,最大单果重150.0克。仁甜。品质上等。果实耐贮运。果肉可制罐头,是鲜食与加工兼用的中熟品种。

(5)马串铃 果实扁卵圆形。平均单果重46.4克,最大单果重63.0克。果顶平,果皮绿黄至黄色。肉质硬脆,味酸甜;含可溶性固形物11.3%。离核;仁甜、香,饱满。常温下,果实可贮放7~10天。是丰产,稳产,连续结果能力强的鲜食品种。

(6)玛瑙杏 果实卵圆形。平均单果重55.7克。果顶圆平,果皮橙黄色。果肉橙黄色,肉质较粗,味酸甜;含可溶性固形物12.5%。离核,仁苦。在辽宁熊岳,于4月中旬开花,7月初果实成熟。在山东,于4月5日盛花,6月中下旬果实成熟。2年生开始结果。自然坐果率为67%,自花结实率高。结果早,丰产稳产,抗晚霜冻害。果实中大,耐贮运,是鲜食加工兼用品种。在山东、河北等省,利用玛瑙杏作保护地栽培品种和授粉树。

(7)华县大接杏 果实扁圆形。平均单果重84克,最大单果重150克。果顶平,果皮黄色。果肉橙黄色,肉质松软,味酸甜,有香气;离核,仁甜。品质极上等。常温下,果实可贮放5~7天。树体呈半矮化状。是优良的中熟鲜食品种。

(8)黄甜核 别名山药杏。原产于河北魏县。较抗寒、抗旱,丰产。果实较大,圆形。平均单果重56.5克。仁甜,饱满。品质上等。是优良的中熟鲜食加工兼用品种。

(9)软核杏 果实卵圆形。果顶凸尖;果皮绿黄色。果肉淡黄色,肉质松脆,味酸甜;含可溶性固形物10.9%。粘核,干核平均重1.0克,核软。常温下果实可贮放2~3天。抗寒,抗旱,耐瘠薄。果实中大,平均果重48.2克,最大单果重 61.8 克。核壳软,杏仁裸露,仁甜。品质上等,是优异的鲜食品种,具有特殊性状的杏资源。

(10)辽阳红杏 果实斜圆形。平均单果重 32.2 克,最大单果重 37.5 克。果顶较圆,果皮黄色。果肉黄色,肉质松软,发沙,纤维中多,汁少,味甜酸;含可溶性固形物 12.6%。仁甜,品质中上等。是较抗寒、丰产、结果早的鲜食品种。

(11)仰韶黄杏 别名鸡蛋杏、大杏、响铃杏。原产于河南渑池,为地方良种。1988 年,被国家农业部定为杏的名特优产品。

果实卵圆形。平均单果重 87.5 克,最大单果重 132.0克。果顶平,果皮黄或橙黄色,果皮较厚。果肉橙黄色,肉质细,味甜酸适度,香味浓;离核,仁苦、饱满。果实在常温下,可贮放 7~10 天。为鲜食与加工兼用良种。

5. 晚熟品种介绍

(1)东宁二号 原产于黑龙江东宁县。是自然杂交实生良种。1978 年被东宁县确定为推广品种。

果实卵圆形。平均单果重 48 克,最大单果重 75 克;果顶平,果皮黄色。果肉黄色,肉质硬,味甜酸,含可溶性固形物 12.0%。粘核,仁甜、香。品质中上等。在常温下,果实可贮放 8~10 天。极抗寒、抗病,丰产。果实小,外观美,耐贮运。是优良的晚熟鲜食品种。

(2)苍山红杏梅 别名李梅杏、泰安杏梅。原产于山东苍山。三倍体杏资源。

在辽宁熊岳,于 7 月中旬果实成熟;在山东苍山,于 6 月下旬果实成熟。果实近圆形。平均单果重 59.5 克。果顶微凹;果皮黄色。果肉橙黄色,肉质致密,细韧,味酸甜,清香浓郁;仁苦,品质上。与西伯利亚杏嫁接亲和力强。是鲜食、加工兼用品种。

(3)巴斗杏 别名大巴斗杏、黄巴斗杏。原产于安徽萧县,是安徽淮北地区古老品种。至今有 400 余年的栽培历史。

果实近圆形。平均单果重 52.0 克,最大单果重 75.0 克;仁甜。品质上等。常温下,果实可贮放 7 天左右。是优良的鲜食和加工兼用品种。可用张公园、串枝红品种作授粉树。

(4)崂山关爷脸 系山东崂山农业局实生选出的品种。1980 年经鉴定命名,被国家农业部定为优质品种,是山东省主要出口杏品种之一。

果实椭圆形。平均单果重 57.6 克。果顶略凹陷,果皮黄绿色。果肉黄色,汁多,味酸甜,有香气;仁苦。品质上等。常温下,果实可贮放 7 天。自然坐果率为 19%。抗逆性强,丰产。果实外观美丽,较耐贮运,是鲜食加工兼用良种。

(5)兰州大接杏 别名朱砂杏、麦杏、南川大杏子。原产于甘肃,系地方良种。1987 年被甘肃省评为优质品种。

果实椭圆形。平均单果重 84.0 克,最大单果重 125.0 克。果顶圆,果皮黄或橙黄色。果肉黄或橙黄色,肉质细,酸甜适度,味浓;含可溶性固形物 14.5%。离核或半离核,仁甜。品质上等。在兰州市榆中县,该品种可抗 $-27℃$ 的冬季低温,抗旱性强,分布广,是鲜食加工兼用良种。

(6)牡红杏 是黑龙江省农业科学院牡丹江农业科学研究所,采用 631 杏与兰州大接杏杂交育成的新品种。1999 年 2 月,通过黑龙江省农作物品种审定委员会审定并命名。

果实圆形,平顶。平均单果重 50 克,最大单果重 58.5 克。果肉橙黄,果汁中等,风味浓,酸甜适口,有香气。品质上等。含可溶性固形物 12.14%。离核,甜仁。连续结果能力强,无采前落果现象。丰产,果实整齐,是晚熟鲜食优良品种。

树形以自然开心形或自然圆头形为宜。自花不结实。配置授粉树以龙垦1号杏和龙垦2号杏为好。

（7）唐汪川大接杏　别名桃杏。原产于甘肃东乡族自治县唐汪川，为地方良种。1987年，其果实被甘肃省评为优质农产品。

果实心脏形。平均单果重90.3克，最大单果重150.0克。果顶尖圆；果皮橙黄色，果皮中厚，难剥离。果肉橙黄色，近核处黄色；肉质细而致密，汁多，味酸甜适度，香味浓；含可溶性固形物15.8%。离核或半离核，仁甜。品质极上等。常温下，果实可贮放3～5天。为鲜食及加工兼用良种。

（8）龙园黄杏　原代号为85-20-17。系黑龙江省农业科学院园艺分院以79-7-1(北方二号李×大接杏,1978)为母本，79-15-14(631杏×大接杏,1978)为父本，复交后而育成的。2000年2月，通过黑龙江省农作物品种审定委员会审定，并命名推广。

果实长椭圆形。平均单果重65克，最大单果重78.5克。仁稍苦，品质上等。在黑龙江，于4月上旬花芽萌动，7月下旬果实成熟。树冠矮小，树形倒圆锥形。采前不落果，不裂果。植株抗寒，抗旱，耐病性强。生产中，选择黑龙江省农科院园艺分院选育的龙园桃杏或新品系3号杏作为授粉树，株行距为3米×4米。树形采用多主枝自然圆头形。

（9）甜仁黄口外　果实卵圆形。平均单果重65.0克，最大单果重98.3克。果顶微凸；果皮黄绿色，着红色；果面斑点大，多，红色。果肉黄色，汁多，味酸甜适度；含可溶性固形物12.9%。半离核；仁甜，饱满。品质极上等。常温下果实可贮放7～10天。极丰产，耐贮运，晚熟，为优良鲜食兼加工品种。

(10)串枝红杏 原产于河北巨鹿,已有 300 多年的栽培历史。因其果实红艳,密集成串,故取名为"串枝红杏"。1996年,通过辽宁省省级品种审定。2000 年,国家农业部评定该品种为优异种质资源。

果实卵圆形。平均单果重 52.5 克,最大单果重 150.0克。在辽宁熊岳,于 7 月下旬果实成熟;在河北省石家庄,于6 月下旬到 7 月上旬果实成熟。

该品种抗寒,抗旱,极丰产,稳产,耐贮运,是鲜食和加工兼优品种。加工产品有杏茶、杏脯、杏浆、杏干、杏酱、杏丹皮、杏汁和杏罐头等,远销东北、南方各省、市、自治区,以及日本、俄罗斯、韩国及东南亚各国。其授粉品种用大红杏、大明杏和晚杏等。

(11)海 东 杏 原产于陕西西安。地方品种。果实近圆形。平均单果重 54.0 克。品质中上等。常温下,果实可贮放12 天左右。

在辽宁熊岳,于 7 月中旬果实成熟;在青海民和地区,于7 月中下旬果实成熟。果实较大,是一个丰产性能较好的优良鲜食品种。

(12)红 金 榛 原产于山东招远。1988 年 7 月,通过山东省农作物品种审定委员会鉴定并定名。

果实卵圆形。平均单果重 80.0 克,最大单果重 120 克。果顶圆或平。仁甜。适合进行自由小冠疏层形整枝,采用花期相近的大拳杏作为授粉树。结果早,果实个大,整齐,加工性能好,制脯片大,为优良的晚熟鲜食、加工兼用杏。

(13)锦西大红杏 别名大红杏。原产辽宁葫芦岛连山区,是地方优良品种。

果实扁圆形。平均单果重 50.2 克,最大单果重 60.0 克。

果顶圆凸,仁苦,品质上等。较抗寒、抗旱,适应性强。果实糖水罐头块形完整光滑,色泽橙黄,风味佳,为加工鲜食兼用品种。其授粉树为张公园、串枝红等品种。适合于采用自然开心形树形。

(14)金皇后 系陕西省果树研究所选育。2004 年 7 月,通过品种审定。

果实长圆形。平均单果重 85 克,最大单果重 150 克。在辽宁熊岳,于 7 月中旬果实成熟;在陕西关中地区,于 7 月初果实成熟。坐果率高。花期较晚,可避开晚霜危害。果实耐贮运,抗病虫能力较强,是鲜食及加工兼用的品种。适宜于采用自然开心形树形。

6. 极晚熟品种介绍

(1)曲阜红杏梅 果实近圆形。平均单果重 42.8 克,最大单果重 49.1 克。果顶平,微凹;果皮底色橙黄色,着紫红色;果皮厚。果肉橙黄色,肉质致密,纤维少,汁中多,味甜酸略涩,具香气;含可溶性固形物 13.8%。粘核,仁苦。品质中等。常温下,果实可贮放 5 天左右。

在辽宁熊岳,于 4 月下旬盛花,7 月下旬果实成熟,果实发育期为 91 天;于 4 月下旬叶芽萌动,11 月中旬落叶,树体营养生长期为 198 天。在山东曲阜,于 3 月底至 4 月上旬开花,6 月中下旬果实成熟。为鲜食和加工兼用品种。

(2)晚熟李光杏 果实圆形。平均单果重 21.3 克,最大单果重 28.0 克。仁甜,饱满。品质好。在辽宁熊岳,于 3 月下旬花芽萌动,7 月下旬果实成熟。较抗寒、抗旱、耐瘠薄,适应性强,分布广。果实虽小,但晚熟,耐贮运。可制干、制罐、制脯和仁用,是鲜食与加工兼用良种。1987 年,其果实荣获甘肃省优质农产品称号。

(3)曦 杏 果实卵圆形。平均单果重 50 克,最大单果重 76 克;仁苦,饱满。品质中等。抗寒,抗旱,丰产,果实较耐运输,极晚熟。为优良的鲜食品种。

(4)昌黎杏梅 果实近圆形。平均单果重 38.5,最大单果重 95.0 克。具李香味;仁苦。品质上等。常温下,果实可贮放 7 天。抗旱力强,较丰产,是鲜食和加工兼用品种。所加工的糖水罐头品质非常好。

(5)美国李杏 果实近圆形。平均单果重 53.0 克,最大单果重 70.0 克。仁苦。品质上等。常温下,果实可贮放 7～10 天。耐贮运。在辽宁熊岳,果实发育期为 102 天。树体矮化。成熟极晚,宜鲜食及加工利用。

(三)选择的品种要与种植目的相一致

栽培目的不同,品种的选用原则存在很大的差异。现将适于不同种植目的的选用原则及相应品种介绍如下。

1. 鲜食杏品种

鲜食杏,要选果实个大,果形端正,色泽鲜艳、诱人,果肉肥厚,汁中多,肉质细腻,酸甜适度,富有香气,而且是到果实充分成熟时,才开始具有品种固有风味的品种。一方面要适应市场,生产对路品种,另一方面要考虑培育市场,引领市场来选择品种。当大众的消费水平达到一定程度、有能力消费高成本产品时,可以考虑温室反季节生产和露地生产并存的生产方式。当市场距离较远时,要选择耐贮运的品种;市场距离较近时,可选择不耐贮运的品种。

选择的鲜食品种,必须能够适应当地的气候环境条件,能够有较高的产量和效益。要了解品种的抗寒性、抗旱性、抗病性、耐瘠薄能力及丰产性。人们不能要求品种具备所有的优良特性,但必须具备当地影响生产的主要优良特性,根据实际情况选择品种。

总之,鲜食杏一般应以早熟和极早熟品种中抗寒性、丰产性、果实综合品质优良的品种为主,如金太阳、骆驼黄杏、临潼银杏、银香白、华县大接杏、兰州大接杏、红丰、新世纪杏、中华白杏、娃娃脸和石家庄2红等品种。

2. 加工杏品种

(1)选用原则 加工品种,首先要考虑加工的种类和质量。加工种类不同,要求的品种也不同。用于制罐的品种,应选择果实整齐、硬度大、含酸量比鲜食品种稍高、离核的杏品种,如串枝红杏、鸡蛋杏、沙金红1号和孤山杏梅等杏品种。用于制脯的品种,应选择果肉硬韧、肉厚,含酸量高、水分少的杏品种,如石片黄、假京杏和金刚拳等杏品种。用于制干的品种,应选择果实大小一致、皮薄、肉厚、水分少、含糖量高和核小的杏品种,如克孜尔达拉孜、赛买提等杏品种。用于制汁的品种,应选择果汁含量和含维生素C、含酸量高的杏品种,如串枝红杏等品种。

(2)可选品种

①**孤山大杏梅** 因原产于辽宁东沟县大孤山镇而得名。因其个大,故当地又称它为大杏梅。至今已有100多年的栽培历史。为辽宁名果之一。现已保存于国家果树种质熊岳李杏圃内。

果实卵圆形。平均单果重75.0克,最大单果重110.5克。果皮橙黄色,阳面着红色;果皮较薄,易与果肉剥离。果肉橙黄色,肉质细、密、软,味酸甜适度,有香味。离核;仁甜。为鲜食、加工兼优品种。用其果实制成糖水罐头,块大,均匀,光滑完整,色泽橙黄,风味极佳。因此,它为辽宁省的优良制罐品种。可在辽宁以南地区广泛栽培。在辽宁熊岳,于3月下旬花芽萌动,果实在6月下旬成熟。

②赛买提 产于新疆英吉沙,为地方品种。已在国家果树种质熊岳李杏圃内保存。

果实椭圆形。平均单果重28.0克。仁甜,饱满。是优良制干、制脯、制汁、仁用和鲜食品种。可在西北、华北和辽宁以南地区栽培。现分布于南疆各地。在辽宁熊岳,于7月中旬果实成熟;在新疆莎车县,于6月下旬果实成熟。

③石片黄 原产于河北省怀来县官厅镇石片村,人称石片黄杏。其历史悠久,远近闻名,为杏中上品,有"石片杏,不用问"之誉。1986年,以石片黄杏为原料生产的杏脯,曾荣获中国乡镇企业杏脯产品质量第一名称号。1997年,获河北省博览会优质产品奖。2000年,被省工商局注册为"官厅湖"牌"石片黄杏"。已在国家果树种质熊岳李杏圃内保存。该品种果实香气浓,是制作出口杏脯的优质原料,经济价值很高。在辽宁熊岳,于7月中旬果实成熟;在河北怀来,于7月上旬果实成熟。

④水晶杏 原产于北京。1988年被国家农业部定为杏的名特优品种。已在国家果树种质熊岳李杏圃内保存。

果实卵圆形。平均单果重34.0克,最大单果重52.0克。果实不耐运输,可加工果汁和果酱等,是优良的中熟鲜食加工兼用品种。可以在华北地区和辽宁南部栽培,河北昌黎栽培最多。在辽宁熊岳,于7月上旬果实成熟。

⑤郯城杏梅 原产于山东郯城。1989年,在辽宁省制罐李品种品评会上,超过省优、部优,名列第一。1990年,在国家攻关项目验收鉴定中,被列为优良加工品种。现已保存在国家果树种质熊岳李杏圃内。树势中庸,较矮化。在辽宁熊

岳,于 7 月中下旬果实成熟。

3. 仁用杏品种

(1) 选用原则 杏仁的利用价值很高,在杏产业中占有一定的地位。仁用杏分为甜仁杏(大扁杏)和苦仁杏(西伯利亚杏)。在生产中,通常把大扁杏习惯地称为仁用杏。仁用杏具有适应性强、抗寒、抗旱、抗风沙和耐瘠薄等特点,适于在寒、旱地区栽植。仁用品种果实肉薄,汁极少,味酸涩,不宜鲜食。种仁肥大,甜香,富含脂肪和蛋白质;离核。在肥水条件充足,不易受晚霜危害的地区,可选择丰产性好、经济价值高的品种,如超仁、丰仁、国仁、龙王帽和一窝蜂等;在可能受晚霜危害的地区,宜选择抗寒、耐晚霜的品种,如优一、三杆旗和新四号等。

仁用杏的杏仁收购按质论价,杏仁越大,价格越高。仁用杏杏仁分级质量标准为:单仁平均干重≥0.8 克(每千克≤1 250 粒)为一级;如龙王帽,单仁重 0.7～0.8 克(每千克有1 250～1 420 粒)为二级;单仁重＜0.7 克(每千克＞1 430粒)为三级,而每千克＜1 100 粒者,为特级杏仁。

目前杏仁大、产量高的仁用杏品种,为辽宁省果树研究所2000 年审定的新品种丰仁和国仁,其综合性状明显优于现在主栽品种龙王帽,而且逐步成为我国仁用杏生产的换代品种。目前,仁用杏最好的授粉品种为白玉扁,它与各良种(如超仁、丰仁、国仁、龙王帽)授粉亲和性都好,坐果率最高达 40%,而且杏仁品质也较好。主栽品种与授粉品种的比例为 4～5:1。

(2) 可选品种

①丰仁杏 原产于河北涿鹿,是从一窝蜂杏的优系中选育出的。已在国家果树种质熊岳李杏圃内保存。

在辽宁熊岳,于 7 月中下旬果实成熟。栽后第二年见果,盛果期(8～11 年生)平均每 667 平方米产杏仁 150 千克以上,株产果实 69.2 千克,株产杏仁 4.4 千克,比龙王帽增产 38.5%。抗旱,耐寒,抗风,适应性强,极丰产。

果实除仁用加工外,果肉还可加工杏脯、杏酱和杏酒等。该品种已在辽宁的西部,以及吉林、河北、北京、山西、河南、陕西、新疆、宁夏和内蒙等地栽培,可在我国仁用杏其他主要栽培地区推广。其树形以杯状形为宜。

②国仁杏 原产于河北涿鹿,是一窝蜂的株选优系。已在国家果树种质熊岳李杏圃内保存。

果实侧扁卵圆形。平均单果重 14.1 克,最大单果重 16.5 克。果皮橙黄色。果肉味酸涩,不宜鲜食。离核,干核重 2.4 克,出核率为 21.3%。仁甜,饱满,干单仁重 0.88 克,出仁率为 37.2%。果实维生素 C 含量高,可作药用,是晚熟优良仁用兼加工用品种。盛果期树(8～11 年生)平均每 667 平方米产杏仁 150 千克左右,株产果实 51.3 千克,株产杏仁 4.1 千克,比龙王帽增产 27.1%。

在辽宁熊岳,于 7 月中旬果实成熟。可在我国华北、西北及辽宁等干旱地区栽培。树冠自然圆头形,可采用自然圆头形和纺锤形进行整形。

③超仁杏 系辽宁省果树研究所从龙王帽的优系中选育而成。1998 年 6 月,通过辽宁省农作物品种审定委员会专家组的现场验收与鉴评并命名。已在国家果树种质熊岳李杏圃内保存。

果实扁卵圆形。平均单果重 16.7 克,最大单果重 24.0 克。果皮较厚,味酸涩,离核。出核率为 18.5%,干核平均重 2.2 克。仁甜,饱满,单干仁平均重 0.96 克。出仁率为 40.0%。

除杏仁可加工外,果肉还可加工杏脯、杏酱和杏酒等。

在辽宁熊岳,于7月下旬果实成熟。栽后两年见果,盛果期(8～11年生)平均每667平方米产杏仁150千克。株产果实57千克、杏仁4.3千克,比龙王帽增产37.5%。可在西北、华北及辽宁等地栽培。授粉品种最佳的为白玉扁,较好的为丰仁、79C13。树形以四主枝开心形或自然圆头形为宜。

④白玉扁　别名柏峪扁、臭水扁、大白扁。原产于北京门头沟。已在国家果树种质熊岳李杏圃内保存。

果实扁圆形。平均单果重20.5克;成熟时果肉自行开裂,种核脱落。离核,干核平均重2.6克;出核率为20%。仁甜,香,出仁率为30%。单干仁平均重0.79克。果实除杏仁可供加工外,果肉还可加工杏脯、杏酱和杏酒等。

在辽宁熊岳,于7月中旬果实成熟,果实发育期约90天;在辽宁朝阳地区,于7月下旬果实成熟。国仁、丰仁、79C13是白玉扁较好的授粉品种。现分布于北京、河北、辽宁、黑龙江、山西、陕西和吉林等地。其树冠以采用圆头形为好。

⑤龙王帽　别名大扁、大龙王帽、西口王帽。原产于河北涿鹿。现保存于国家果树种质熊岳李杏圃内。

果实卵圆形。平均单果重17.4克,最大单果重24.0克。果肉橙黄色、味酸涩;离核。单干核平均重2.3克,出核率为17.3%。仁甜,略有余苦。单干仁平均重0.84克,出仁率为37.6%。杏仁品质上等,在国际上享有盛誉。是我国重要出口土特产品,果肉可加工杏脯、杏酱和杏酒等。已在我国华北、西北、东北干旱地区广泛栽培。用白玉扁和优一作为授粉品种。采用自然开心形、疏散分层形树形进行整形。

⑥一窝蜂　别名次扁、小龙王帽。原产于河北涿鹿、蔚县等地。现保存于国家果树种质熊岳李杏圃内。

果实卵圆形。平均单果重 14.5 克,最大单果重 18.0 克。离核,单干核重 1.8 克,出核率为 20.5%。仁香甜,单干仁平均重 0.6 克,出仁率为 36.0%。杏仁品质上等。果肉可加工杏脯和杏酱等。7 年生进入盛果期。密植栽培 4 年生每 667 平方米产杏仁 50 千克。可在我国华北、西北、东北干旱地区广泛栽培,现主要分布于河北、辽宁、北京、山西、陕西、内蒙古及吉林、黑龙江等地。

⑦优 — 原产于河北蔚县,是河北省张家口地区林科所从山甜杏的无性系中选出。现保存于国家果树种质熊岳李杏圃内。

果实卵圆形。平均单果重 9.6 克。离核;核壳很薄,可用牙咬开。单核平均重 1.7 克,出核率为 17.9%。仁甜,单干仁平均重 0.70 克,出仁率为 43.8%。可加工开口杏仁。花期可耐—6℃的低温,可在仁用杏适宜栽培区发展。树冠半圆形。

⑧薄壳—号 又名甜仁山杏。是北方仁用杏研究会选育的优良品种,特抗晚霜花芽冻害。花期可耐—6℃的低温,壳特别薄,用牙一咬即开,是加工开口杏核的优良品种。其产地价较其他品种的杏核高 2～3 元/千克。

4. 温室栽培杏品种

(1) 选用原则 选择适宜温室栽培的杏品种,是获得温室栽培成功的先决条件。温室栽培品种与露地栽培品种有很大的区别。温室栽培品种应具备的条件是:果实发育期短,成熟期早,需冷量低,品质优良。这样,可使果品提早上市,丰富果品市场,填补市场空缺,提高果实价格,增加经济收入。另外,还要自花结实率高,丰产性好,从而可以提高坐果率和单位面积产量,提高经济效益等。适于温室栽培的优良杏品种,有金太阳杏、9803 杏和凯特杏等。

(2)可选品种

①**9803 杏** 原产于浙江。是辽宁省果树研究所李杏研究室,从 40 多个杏品种中筛选出的开花结果早、优质、丰产和适宜于保护地栽培的短低温品种。1998 年 5 月,通过辽宁省省级现场验收。已在国家果树种质熊岳李杏圃内保存。

果实扁圆形,果顶平微凹。平均单果重 82 克,最大单果重 120 克。果皮橙黄色。果肉也为橙黄色,味酸甜适口,具浓香。在保护地内栽培时,果肉含可溶性固形物 11.5%,总糖 8.8%,总酸 2.2%。在露地栽培的,果肉含可溶性固形物 14.0%,总糖 14.5%,总酸 0.3%,维生素 C 2.80 毫克/100 克。离核,仁苦。

在辽宁熊岳,进行保护地栽培时,于 12 月上旬升温,需冷量约 550 小时。1 月上旬开花,4 月下旬果实成熟,比露地提前 50～60 天上市。树势强。温室定植 1 年生苗,可当年开花,当年升温;第二年春见果,最高株产杏果可达 4 千克,第三年每 667 平方米产量为 500～1 000 千克,是较理想的温室栽培品种。现已在辽宁、黑龙江、山西、陕西、河南、山东和北京等省、市建立示范园。采用自然纺锤形和开心形树形。其授粉树采用 9805 杏、00-2 杏和 02-1 杏品种。

②**红 丰** 是山东农业大学园艺学院陈学森等人,采用有性杂交与胚培相结合的办法育成,亲本为二花槽杏和红荷包杏。1999 年通过山东省农业厅验收鉴定,2001 年被国家林业局授予植物新品种权证书。现已保存于国家果树种质熊岳李杏圃内。

果实近圆形。平均单果重 56 克,最大单果重 80 克。果皮底色黄。果肉橙黄色,味甜微酸,具香味,含可溶性固形物

15.0%。半离核,仁苦。品质上等。

进行保护地内栽培时,在 12 月中下旬扣棚保温,其果实成熟期在 4 月下旬。

自花结实率为 5%,自然授粉坐果率为 23%。幼树定植或高接后第二年就开花结果,是保护地和露地兼用的鲜食杏品种。现已在我国华北、西北及华南部分地区引种试栽。

进行保护地栽培时,冬暖大棚按 1 米×2 米的株行距定植,春暖大棚按 2 米×3 米的株行距定植。要适量配植红荷包、骆驼黄和凯特等品种作为授粉树。树形采用自然开心形。

③金太阳 原产于欧洲。由山东省果树研究所引进。已在国家果树种质熊岳李杏圃内保存。

果实近圆形。在保护地内栽培者,平均单果重 50.9 克,最大单果重 57.5 克。在露地栽培者,平均单果重 66.9 克,大果重 80.0 克。果顶平,果皮底色金黄色,果面光滑。果肉黄色,肉质细,纤维少,汁液较多;离核。保护地果含可溶性固形物 8.9%,总糖 5.9%,总酸 2.1%,维生素 C 7.5 毫克/100克。露地果含可溶性固形物 13.5%,总糖 12.1%,总酸 1.3%。

在辽宁熊岳进行保护地栽培,于 12 月上旬升温,次年 1 月上旬开花,4 月下旬果实成熟,比露地栽培提前 50～60 天上市。在露地栽培的,于 6 月中下旬成熟,果实发育期约 60 天。

④凯特杏 原名 Katy,原产于美国加利福尼亚州。系山东省果树研究所从美国加州引入。已在国家果树种质熊岳李杏圃内保存。

果实椭圆形。平均单果重 64.3 克,最大单果重 120 克;设施栽培的,其最大果可达 200 克。果顶较平圆,果皮橙黄色,肉质硬脆,果味酸甜,无香气。其保护地果含可溶性固形物 10.0%,总糖 10.9%,总酸 0.9%。露地果含可溶性固形物 12%,总糖 7.4%,总酸 2.0%,维生素 C 7.3 毫克/100 克。离核,仁苦。品质中等。果实较耐贮运。

在辽宁熊岳保护地栽培,于 12 月上旬升温,次年 1 月上旬开花,4 月下旬至 5 月上旬果实成熟。

树势中庸。成花容易,可自花结实。栽后第二年开始结果,第四年生密植园 667 平方米产量为 2 916.8 千克。

现在辽宁、山东、河北、山西、陕西和北京等省、市保护地和露地栽培。可配置金太阳、玛瑙杏作为授粉树。其树体的"Y"字形整枝,以留侧生枝为主,对背上枝适当疏除或利用。

⑤山农凯新 1 号　由山东农业大学育成,为以凯特杏为母本,新世纪杏为父本,进行有性杂交,结合胚培技术而育成的杏新品种。2004 年,通过国家林业局植物新品种权保护办公室组织的专家审定,被授予植物新品种权。

果实近圆形,果顶平。平均单果重 50.6 克,最大单果重为 68 克。果面光洁,橙红色,美观。肉质细,香味浓,味甜,含可溶性固形物 15.5%。离核,仁苦。

在山东泰安地区,于 3 月中下旬开花,6 月初果实成熟,果实发育期为 60～63 天。

树冠开张。幼树定植或高接后第二年就能开花结果,早果性极强。雌蕊败育花比率较低,自花授粉坐果率 25.9%。是品质优良的鲜食新品种。在冬暖大棚内栽培时,按 1～1.5 米×2 米的株行距定植。

⑥山农凯新 2 号　由山东农业大学育成。是以泰安水杏为母本,以凯特杏为父本,进行有性杂交,结合胚培技术育成的杏新品种。2004 年,通过国家林业局植物新品种权保护办

公室组织的专家审定,被授予植物新品种权。

果实近圆形。稍扁,果顶平。平均单果重108.6克,最大单果重130克,果实整齐度高,果面底色为黄色。果肉质细,具香味,味甜;离核,仁苦。品质上等。

在山东泰安地区,果实在6月上旬成熟,果实发育期为65～70天。早果性强,幼树定植或高接第二年就能开花结果,自花授粉坐果率为13.8%。该品种开花早,易遭晚霜危害。在冬暖大棚内栽培时,按1～1.5米×2米的株行距定植。

⑦ **新世纪**　由山东农业大学育成。是采用亲本为二花槽和红荷包的有性杂交与胚培相结合的办法,所育成的杏新品种。1999年山东省农业厅组织专家验收鉴定,2001年被国家林业局授予植物新品种权证书。已在国家果树种质熊岳李杏圃内保存。

果实卵圆形。平均单果重73.0克。果皮底色橙黄,着粉红色;果面光滑。肉质细,味酸甜,香味浓,含可溶性固形物15.2%。仁苦。品质上等。

在辽宁熊岳,于4月初花芽萌动,6月中旬果实成熟;在山东泰安,于3月底开花,5月末果实成熟。幼树定植或高接后第二年就能开花结果,自花结实率为4%。丰产性强,适应性广,为鲜食品种,目前已在我国华北及西北地区栽培。在冬暖大棚内栽培时,按1米×2米的株行距定植,在春暖大棚栽培时,按2米×3米的株行距定植。采用小冠疏层形或纺锤形整枝。配置红荷包、骆驼黄和凯特杏等品种为授粉树。

5. 观赏杏品种

(1)选用原则　观赏杏品种选择,首先要考虑到有一定的观赏价值,即有一定的特异性状。如以观叶和观花为主的,应考虑选用叶色、花瓣及花色奇特的品种。如辽梅杏、陕梅杏、红花山杏、绿萼、垂枝杏和美人梅等；以观果为主的，应选择早、中、晚熟不同成熟期的品种，进行合理搭配，而且果实外观特异，较丰产，鲜食味较好。如大红袍、崂山关爷脸、胭脂红、辽阳红杏和紫杏等。

（2）可选品种

①辽梅杏　别名毛叶重瓣山杏、辽梅山杏。原产于辽宁北票大黑山林场。1988年3月经中国科学院北京植物研究所审定并命名。现保存在国家果树种质熊岳李杏圃内。

叶片两面密被茸毛，老叶茸毛不脱落。在辽宁熊岳，于3月下旬花芽萌动，4月中旬开花，4月中下旬盛花，花期比其他品种早3～5天，观赏期为10～15天；花瓣30余枚，花冠直径为3.0厘米，花萼红褐色，花蕾鲜红色，花粉红色。果肉干燥，味苦，成熟时沿缝合线裂开；离核，核面粗糙，较原变种大，仁苦。树势弱，树冠矮小；枝条灰色，细弱，可耐−38.4℃的冬季低温，根系可耐−18℃～−12℃的低温，是中国北方露地栽培的珍贵的观花资源，也是抗寒梅花育种的优良种质资源。

②陕梅杏　别名光叶重瓣花杏、重瓣花杏。原产于陕西眉县。1988年3月经中国科学院北京植物研究所审定定名。现保存在国家果树种质熊岳李杏圃内。

抗寒，抗旱，适应性强，很少结果。在辽宁熊岳，于4月上旬花芽萌动，4月末至5月初盛花。花萼为紫红色，花蕾为深红色，花瓣开放后逐渐变为粉红色，重瓣，一朵花内平均有花瓣70余枚，最多达120枚，且多卷曲皱折，为杏属资源中罕见。花冠直径为4.5厘米，最大6.0厘米，是杏属植物中花冠最大的资源。花期迟而长，观赏期约15天，是早春具有较高观赏价值的乔木新树种。可在吉林公主岭以南的地区栽培。

③送　春　系梅与杏的杂交种。现保存在国家果树种质熊岳李杏圃内。

在辽宁熊岳,于4月上旬花芽萌动,4月中旬开花,易于形成花芽。花朵成串,较一般杏花花色鲜艳。花朵大,花蕾为紫红色。花瓣开放后逐渐为深粉红色,复瓣,花瓣15枚,萼筒钟形。花期长,观赏期为12～15天。花期较杏花略晚。是绿化的优良品种。在辽宁熊岳以南地区可越冬。

④红花山杏　系西伯利亚杏的实生变异类型。在辽宁熊岳,于3月下旬花芽萌动,4月上中旬开花,花期长,为10～15天。花单瓣,鲜红色。树势强,可耐－35℃的低温,抗旱性强。可在吉林和辽宁等地栽培。

⑤紫　　杏　别名黑杏。分布于新疆。现保存在国家果树种质熊岳李杏圃内。

在辽宁熊岳,3月下旬花芽萌动,4月上旬开花,花期10～15天。于7月中旬果实成熟。

抗寒力强,抗旱,抗真菌病害。果实扁圆球形。平均单果重19.3克,果实紫红色。叶片椭圆形,叶色深绿,是观赏果园、室内盆栽的优良品种。

6. 育种杏品种

(1)二花槽杏　别名二花糙。原产于山东肥城。现保存在国家果树种质熊岳李杏圃内。

果实长卵圆形。平均单果重35.0克,最大单果重59.3克。果顶稍尖。果肉黄色,味甜,风味较淡;含可溶性固形物13.0%,水分87.8%;粘核。

在辽宁熊岳,于4月上旬花芽萌动,6月下旬果实成熟,11月上旬落叶。

树势强。自然坐果率为 21%～27%。幼树定植后 3 年开始结果,坐果率高,可连年丰产。近年利用该品种作亲本选育出了新世纪、试管桃杏 1 号、试管甜丰、试管早荷 1 号、试管早荷 2 号和试管早红 1 号等新品种。

(2)红荷包 原产于山东济南。系从自然杂种中选育出来的一个特早熟品种。现已保存于国家果树种质熊岳李杏圃内。

果实椭圆形。平均单果重 45.0 克,最大单果重 70.0 克。果皮橙红色;果皮较厚,难与果肉剥离。果肉橙红色,肉质细,果汁较少,味甜酸,香气浓;含可溶性固形物 11.5%。

在辽宁熊岳,于 4 月初花芽萌动,6 月下旬果实成熟,果实发育期约 60 天;在山东济南,于 3 月底开花,5 月下旬果实成熟。树势中庸,较丰产,适应性强。为适合鲜食及加工的兼用品种。可在辽宁和山东等地栽培。近年利用该品种作亲本,选育出了新世纪、试管红光 1 号、试管红光 2 号、试管红光 3 号、试管桃杏 1 号、试管甜丰和试管早荷 1 号等新品种。

(3)晚熟杏 原产于河北昌黎。现保存在国家果树种质熊岳李杏圃内。

果实近圆形。平均单果重 16.1 克,最大单果重 21.4 克。果皮绿黄至黄色。果肉淡黄色,味酸、淡;半离核,仁甜。在辽宁熊岳,于 4 月上旬花芽萌动,10 月上旬果实仍不完全成熟,果实发育期在 160 天以上。花芽极多,无冻害。为极晚熟杏品种,是非常珍贵的育种资源,可作选育晚熟品种的亲本。

7. 砧木品种

(1)西伯利亚杏 别名山杏。原产于中国东北和西北部。现保存于国家果树种质熊岳李杏圃内。

树冠自然半圆形。1 年生枝斜生,生长弯曲。果实扁圆形。平均单果重 3.1 克,最大单果重 4.5 克;离核,仁苦。

树势中庸。2～3 年生开始结果,10 年生进入盛果期。可耐－40℃～－50℃的低温。利用该品种作砧木,出苗率高,抗旱,抗寒,耐瘠薄,经济寿命长。同时,该品种的果实也是加工和制药的原料。

(2)东北杏 别名辽杏。为蔷薇科杏属植物。原产于吉林、辽宁。广泛分布于我国东北及内蒙古地区,是集观赏、经济、用材于一身的重要树种。是典型的喜光树种,具有较强的抗寒和耐干旱能力,可作栽培杏的砧木,是培育抗寒杏的优良原始材料。对土壤要求不严,不耐水湿。

(四)搞好低劣品种树的高接换优和改造利用

为了让农民增加更高的经济效益,可进行品种改接,如河北省山杏林较多,有 50 万公顷,可将其改接成优质扁杏林等。

山杏嫁接改良方法,可分为芽接(用一个芽片作穗)和枝接(用具有一个或几个芽的一段枝条作接穗)。经过试验,杏树由于皮薄,形成层与木质部不易剥离,芽接成活率较低,枝接成活率较高。依据山杏(砧木)树龄的不同,选择与之相适应的枝接形式。清林后,当山杏间的空隙较大,即出现林窗时,应在林窗内补植 2 年生以上的良种杏嫁接大苗,使改良果园内良种杏的平均株行距能保持在 4～5 米,即每公顷保苗株数能达到 500 株。此外,对当年嫁接没有成活的植株,第二年应采用同样的方法进行补接,并通过必要的修剪,延长经济结果寿命;提高产量,克服大小年结果的问题;增强通风透光,减少病虫害,提高果实品质,增强抗灾能力。

在北方地区,山杏资源分布范围广,面积大,分布又集中连片的地方,可将山杏资源开发利用作为龙头产业,带动区域经济全面发展。在山杏资源十分丰富的地区,可采取就地改良建设山地良种杏园,减少因发展果树生产而占用耕地或宜农荒地所造成的矛盾,有利于土地合理利用。

(五)确定合理的栽培比例

充分发掘杏果品最适宜加工的特点,确定以加工为主、鲜食为辅的跨越式发展战略;瞄准市场的薄弱环节和空缺产品,突出杏仁、杏壳、杏肉的系列加工,大规模、集约化、专业化建设优质加工原料生产基地,适时引进兴建大型加工龙头企业,突出反季节供应鲜果的设施栽培,把工业、农业、商业和旅游业综合考虑,走人与自然和谐发展之路。

第三章 园址选择与建园

一、认识误区和存在问题

1. 认为环境影响不重要,只要品种好就行

选园时未考虑园址的土壤、地形、气候条件对树种、品种的影响,以及交通条件如何。有的园址选择在土质瘠薄、缺乏水浇条件的地方。这些偏向对提高杏栽培的经济效益,是极为不利的。

2. 不按地势整地

有的山地杏园不修梯田,也不搞等高撩壕等,这对杏的生长发育是十分不利的。

3. 园址选择不当,不规划或规划不合理

有的杏园就建在风口处或谷底、盆地,有的重茬建园,也有的平地建园无规划,缺乏道路或无防风林。有的杏园没有合理选择品种,没有合理搭配品种,没有合理配置授粉树,因而不能达到现代化商品杏园实现最大经济效益的目标。

4. 栽培模式不先进

有的新建杏园仍采用稀植技术,株行距不合理,没能合理经济地利用土地,使单位面积的产量没有达到应有的标准。确定合理的株行距,不仅可以合理经济地利用土地,而且可以提高杏的单位面积产量,获得更高的经济效益。有的采用外购苗,而且不是山杏砧木苗,因而适应能力差,建园后生长不健壮。

5. 很少应用先进栽培方式

生产中，不敢应用新技术。如早熟杏温室盆栽更早熟，但对该技术推广应用范围很有限。

二、提高选址建园效益的方法

（一）园址生态条件与品种特性相适应

1. 适宜的土壤条件

杏对土壤的要求不严格，除易积水的低洼地、地下水位过高的河滩地以外，各种类型土壤均可栽培，在黏土、砂土和石砾土，甚至岩缝中，都能生长，但以土壤肥沃、保水保肥能力强、透水通气性好和质地较疏松的砂壤土最为适宜。杏喜中性或微碱性土壤，最适宜的土壤 pH 值为 7～7.5，但在 6.5～8.0 的范围内都可有较好的收成。在轻度的盐碱土上，杏也能正常结实。杏对土壤含盐量的适应范围为 0.1%～0.2%，当总盐量超过 0.24% 时，则表现某种程度的毒害，导致叶缘焦枯，严重时全株死亡。

杏对于土层的深浅适应性很强，无论山区和丘陵均能很好地生长。但地下水位高于 1.5～2.0 米时，不能种植杏树。

杏对核果类迹地有较灵敏的反应，在李、桃、樱桃和杏等核果类的果园迹地上重建杏园，常易发生再植病，使杏生长缓慢，发育受阻，甚至幼树死亡，进入结果期也晚。发生再植病的原因，主要是由于残留老根中含有苦杏仁苷，在腐烂分解中产生有毒的苯甲醛和氢氰酸。这些化学物质对新植幼树的根有毒害作用，引起根系坏死。老根产生的其他一些有机物，对新植树生长也有不利影响。因此，在建杏园时，应尽量避开老的核果类果园迹地；也可在老迹地上种植其他非核果类作物3～4 年，使土壤得到改良后再建杏园。

2. 适宜的地形、地势

地形和地势，都会影响光、热、水、风的分布，从而影响着杏的生长发育，是杏园选址时必须考虑的重要因子。

海拔高度是山地地形作用最明显的因子之一。在一定海拔高度范围内，随着海拔的升高，空气湿度和降水量随之增大，而温度随之降低，风随之增大，土壤变得瘠薄，结构变差。在我国北方，杏树除少部分种植在平地或冲积地外，一般多分布于丘陵或山坡梯田上，在海拔 800～1 500 米的范围内，杏树均能正常地生长、开花和结果。在海拔 1 500 米左右的高原上，由于多年的风雨侵蚀，植被被破坏，虽然土壤结构及肥力较差、干旱而瘠薄，但仁用杏仍能正常生长，并有一定的产量，比种其他果树经济效益高。

在不同的坡向上，因太阳辐射强度和日照时数有别，使不同坡向的水热状况和土壤的理化性质有较大差异。杏喜欢背风向阳的坡地，一般坡向以南向或东南向为好。在背风、向阳的坡地上，光照充足，温暖，风害少，有利于杏的生长发育和花芽的分化，可以减少冻花和冻果，提高品质，实现丰产、稳产。而在风口或迎风面，一般为阴坡或半阴坡，则易遭受寒流及大风的侵袭，且在阴沟及低洼处光照不充足，冷空气易集聚，形成辐射霜冻，造成严重的冻花、冻果现象。

坡位不同，土壤肥力及水、热状况也不同，对杏的生长发育有着不同的影响。从山脊到坡脚，因光照时间逐渐变短，坡面所获得的阳光在不断减少，而坡度渐缓，水分和养分却逐渐增多，整个生态环境朝着阴暗、湿润的方向发展，土壤也由剥蚀过度而逐渐变为堆积，土层加厚，肥力增强。因此，在以水分状况为主要限制因子的干旱半干旱地区,杏在中下坡生长要比在山脊、上坡地生长好。

3. 适宜的气候条件

(1) 温　度　是气候因素中最重要的生态因素,对杏树的生长发育影响较大。杏树一般需要 2 500℃ 以上的有效积温,才能保证正常发育。山西省农业科学院园艺所的研究表明:仁用杏的生物学零度为 2.71℃,花期有效积温为 93℃,花芽膨大至初花期≥0℃的积温为 153.65℃。当日均气温≥10℃连续出现 5～6 天、同时最高气温达 20℃ 左右时,杏花将开放。仁用杏果实发育至成熟的有效积温为 823.35℃。

杏树喜温,耐寒,在休眠期能耐－25℃～－30℃的低温,野生山杏树在休眠期能耐－40℃的低温。杏树同时又是耐高温的果树。在新疆地区,夏季平均最高气温为 36.3℃、绝对最高气温达 43.9℃,但这里的杏树仍能正常生长结果。

杏的不同器官对于温度的反应是不同的,除极度的严寒能使枝条受冻外,一般低温不会使仁用杏的营养器官受冻害。早春气温刚一回升,杏树即开始萌动,在土壤温度达 4.5℃时,新根开始生长,平均气温达到 8℃ 以上时,开始开花,盛花期适宜的平均气温为 11℃～13℃。仁用杏花芽的分化是在高温季节进行的,6 月下旬,在平均气温达到 21.9℃～22.3℃时,开始花芽分化,至 9 月份平均气温下降到 15.7℃～17.4℃时,雌蕊即形成。10 月下旬至 11 月份气温降至 1.9℃～3.2℃时,开始落叶,进入休眠期。越冬期间,仁用杏花芽的各部分仍在生长。12 月份至翌年 1 月份,－25℃的低温持续几天,会导致其花芽受冻。解除休眠的花芽,在－10℃～－15℃时就可被冻死。

虽然临界温度以下的低温,对于杏树的生长发育是有害的,但杏树的正常生长和发育,又需要一定的低温;没有一定的低温,杏树就不能打破休眠。这个特性是它在原产地经过长期的自然选择与进化而形成的,是遗传表现。一般杏树只有满足 7.2℃以下的低温 700~1 000 小时,才能解除休眠,恢复正常的生理功能。这在某种程度上,制约了杏树在温暖湿热地区的栽培。

温度对杏果的成熟期和品质有影响。一般温度较高时,成熟期早,且品质好;温度较低时,成熟期会推迟,品质也降低。

(2)水　分　杏是一种耐旱果树,在年降水量为 400~600 毫米的地区,都能很好地生长和结实。仁用杏不耐水湿,积水 3 天会导致黄叶、落叶和死根,以致全株死亡。如果土壤黏重且湿度过大(田间持水量超过 80%),也会引起根部呼吸和吸收困难,导致小根死亡,出现叶片失绿,降低光合效率。

(3)光　照　仁用杏是喜光性很强的果树。光照对于它的生长和结果有明显的作用。在光照充足的条件下,它生长发育良好;光照不足,枝条容易徒长,且不充实。一般杏树树冠内膛,由于树冠郁闭,光照不足,枝条生长细弱,花芽分化也不充实,枝条落叶早,短枝易枯死,常造成内膛光秃,结果部位外移。未整形修剪及栽植过密的杏树尤甚。更重要的是,光照不足,影响花芽分化和败育花增多。树冠顶部和外围的枝叶受光充足,延长枝和侧枝生长旺盛,叶大而绿,枝条充实。树冠顶部和外围的完全花比下部和内膛多,结果也多;树冠阳面果实比阴面果实品质好,产量高。因此,合理的整形修剪,可增加内膛枝的光照,防止结果部位外移。树体受光不匀,会引起偏冠,如生长在梯田坡地上的仁用杏,多向梯田边及反坡向倾斜,以争取更多的阳光。因此,在这类地形上建园,要选择阳坡及半阳坡,避开风口,以免形成偏冠。杏树喜光,但树干在直射光的强烈照射下,易发生日灼,进而引起流胶。此种情况在大树高接换优,或老树更新复壮后常易发生。可采用树干涂白的方法防止日灼。

(4)风 仁用杏树喜通透性良好的环境。花期有微风,能散布杏花的芳香,有利于招引昆虫传粉,还可吹走多余的湿气,促进授粉受精。但是花期若遇大风,则不仅会影响传粉,还会将花瓣和柱头吹干,从而影响受精,降低产量。幼果期若遇大风,会吹落幼果,使枝条受到机械损伤,甚至出现风折。风还可能造成病虫长距离传播,导致病虫害的蔓延。

(二)整地方式要适合地区
特点和品种特性

1. 整 地

杏树虽是抗干旱、耐瘠薄的果树,但深厚肥沃的土壤更能保证杏树的良好生长和获得高产。因此,当园址选定之后,应当对栽植地的土壤进行深翻熟化,增施肥料和进行必要的水土保持工作。这对改善土壤理化性质,拦截地表径流,增加土壤肥力,提高栽植成活率和促进树体良好生长,具有十分重要意义。

在山地建立杏园,最好先修成水平梯田或等高撩壕,然后再栽杏树。陡坡上或一时来不及修梯田的坡地上,也可先挖成鱼鳞坑,将坑内碎石取出,换上熟土,压些绿草或施些有机肥。为使土壤有一个熟化的过程,水土保持工程宜在栽树前半年进行。据研究表明,有无水土保持工程,对山地杏树的生长发育影响极大(表 3-1)。

表 3-1　梯田中与山坡上杏树生长发育及产量之比较

地　点	垂直根最大 深度(cm)	树高 (cm)	垂直根/树 高	水平根最远 分布(cm)	最大枝展 (cm)	水平 根/枝展
梯田中	580	341	1.70	760	390	1.95
山坡上	125	332	0.38	285	380	0.75

地　点	地上部总 重(g)	根总重 (g)	地上部(T) /底下部(R)	全树总重 (g)	根占全树重 (%)	产量(1956) (kg/株)
梯田中	81000	14798.9	5.47	95798.2	15.44	32.5
山坡上	46142	5222.6	8.80	51364.6	10.16	10.0

注：杨文衡，1959，品种为青皮杏，树龄分别为 20 年生和 22 年生

　　生长在梯田中的杏树，无论是地上部还是地下部，都远较生长在山坡上的发达，前者的产量也显著高于后者，相当于后者的 3 倍多。

　　在平原建立杏园，特别是地势较低地区或土壤黏重、轻微盐碱地区建杏园，宜设置排水沟或修建台田；栽前也应熟化土壤，增施有机肥。

　　2. 品种选择和搭配

　　品种的选择和合理搭配，是保障现代化商品杏园实现最大经济效益的重要措施。

　　(1) 品种选择　应根据当地的气候、环境条件及交通情况，来确定主栽品种的类别。

　　①鲜食品种　杏的鲜食品种，由于果实不耐贮运，果肉肥厚，柔软多汁。因此，在交通不方便的地方，不宜过多栽植。鲜食品种，一般应选择果实个大，果形端正，色泽鲜艳、诱人，果肉肥厚，肉质细腻，酸甜适度，富有香气，而且在果实充分成熟时始达品种固有风味的品种。当市场较远时，要选择耐贮运的品种。市场较近时(在城市郊区的杏园)，由于交通方便，

接近市场,运输损失少,可以选择不耐贮运的品种。另外,选择的品种必须能够适应当地的气候环境条件,能够有较高的产量和效益。此类鲜食品种很多,如骆驼黄杏、临潼银杏、银香白、华县大接杏和兰州大接杏等,都可选用。

②加工品种 杏的加工品种,由于耐贮运能力较强,适于在远离城市的地方栽培。因此,在栽培时,首先要考虑加工的种类和质量。加工种类不同,要求的品种也不同。适于制罐的品种,有串枝红杏、锦西大红杏、鸡蛋杏、沙金红1号和孤山杏梅等;适于制脯的品种,有石片黄、假京杏和金刚拳杏等;适于制干的品种,有克孜尔达拉孜和赛买提等。此类加工用品种,通常果实含干物质多,糖分大,汁液少,酸味重,果肉硬度大,离核。

③鲜食与加工兼用品种 此类品种果实含糖量高,汁液中等,肉厚色黄,酸甜适口,有香气。既可加工,又可鲜食。如沙金红1号、孤山杏梅、关爷脸和金妈妈等。

④仁用品种 仁用杏品种,果实肉薄,汁极少,味酸涩,不宜鲜食;种仁肥大,甜香,富含脂肪和蛋白质;离核。适于在寒、旱地区栽植。在肥水条件充足,不宜受晚霜危害的地区,可选择丰产性好、经济价值高的品种,如超仁、丰仁、国仁、龙王帽和一窝蜂等;在易受晚霜危害的地区,可选择抗寒、耐晚霜的品种,如优一、三杆旗和新四号等。

⑤仁干兼用品种 此类杏品种,果实小,肉厚,含糖量高;离核,种仁大而甜香;既可制干,又可仁用。适于寒、旱地区栽植,如克孜尔苦曼提、迟梆子和克拉拉等。

(2)品种搭配 在确定品种类别的同时,要根据成熟期的早晚和授粉品种的亲和能力,进行合理的搭配。

①早、中、晚熟品种的搭配 杏果成熟期大部分集中于6

月上旬至 7 月中旬,正值我国北方麦熟季节,采杏和收麦常发生劳力矛盾。为了合理安排劳力,应将早、中、晚熟品种按一定比例配置。即使是专业的商品性杏园,也不可使熟期过于集中,而应使果实成熟期排开而又互相衔接。这样,既可避免劳力矛盾,又可平衡市场,也有利于充分利用加工设备,减少损失。为了争取较高的收益,早熟品种(麦收以前成熟的品种)的比例,可以适当提高。鲜食品种应以早熟品种为主,以填补初夏果品市场的空缺;而中、晚熟鲜食品种易与早熟桃、早熟西瓜等冲突,常使价格受到影响;极晚熟品种由于市场短缺,价格会有所上扬,因此,可以增加一定的种植比例。

②**授粉品种的搭配** 除欧洲杏品种群外,大多数杏品种的自交结实率都很低。因此,栽植单一品种,产量将会受到影响。为了保证充分授粉,获得高产稳产,在建园时应考虑授粉品种的搭配。优良的授粉品种,应当与主栽品种的杂交亲和性强,花粉量大,花期与主栽品种相同,经济价值也比较高。

③**合理配置授粉树,搞好辅助授粉** 栽植中应按主栽品种与授粉品种 4:1 的比例配置授粉树,即每栽三四行主栽品种,栽 1 行授粉品种,相间排列;或多品种混栽。但对于一个商品杏园来说,品种不宜过多,以 3~5 个品种为宜。品种过多,不仅不便于管理,而且会降低商品率。已建杏树园缺少授粉树的,应高接授粉品种,以保证良好的授粉条件。在花期应进行人工辅助授粉,或于盛花期在果园放蜂,促进授粉受精,提高坐果率。

(三)因地制宜规划园地,发挥最大效能

杏喜光照,根系深,耐干旱,抗瘠薄,具有很强的适应性,无论是平地,还是山地或沙荒地,均可栽植杏树。但是,为了

确保杏树的丰产稳产，杏无公害露地栽培在建园时，首先应对杏园的地形、地势和土壤加以选择，并对杏园做出合理的规划。

1. 园址选择

园址选择，对于保证树体良好地生长和结果，减少花果冻害的频率和优质丰产，有着十分重要的意义。园址选择一般应遵循以下四个原则：

第一，在山地建园，为避免寒流和花期霜冻，应避开风口，宜选择坡度角在 25°以下，土层深厚，土质疏松，背风向阳的南坡或半阳坡；不可在谷底、盆地或山坡底部建园。山顶的海拔较高，温度变化剧烈，风大，也不宜建杏园。因南坡温度较高，光照也强，在冬季受来自西北方向的冷凉干燥气流影响小，而盆地、坡底易集结冷空气，招致霜害。受光最佳的坡向为南偏东 5°角，但高寒地区以南偏西 5°角为宜。

第二，在平地建园，应避开容易聚集冷空气，形成辐射霜冻的低洼和沟谷川地。

第三，建园时，应尽量选择交通方便的地方。尤其是以鲜食为主的杏园宜靠近村庄或大道，以加工为主的杏园宜建在加工厂附近。

第四，要避免重茬。在栽植过核果类果树，如桃、杏、李与樱桃等的地方，不宜建园。如果不能避免重茬，则应清除残根，进行土壤深翻，客土晾坑，增施有机肥；有条件时，应进行定植穴的土壤消毒，决不可在原定植穴栽植杏树。

在建园时，还应考虑在园地的四周设置防护林，特别是迎风面的防护林要形成 1 米多宽的防护墙，以抵御大风降温天气造成花及幼果受到的冻害。

2. 园地规划

园地规划,主要是指大型果园,要求建立防护林,划分小区,安设灌溉系统和修筑道路等。

(1)园地调查 园地规划前,必须进行园地调查和绘制地形图。调查的主要内容,包括自然经济条件、交通、劳动力及市场情况。然后写出调查报告,绘制好地形图,以供设计参考。

(2)划分栽植小区 为了便于生产管理,必须将整个园地划分成若干个栽植小区。小区的形状与大小,可根据地形、地貌和道路情况,结合防护林以及水利系统等因素,安排确定。在一个小区内的地形、坡向、土壤基本情况,应基本一致。小区面积一般为 2~3.3 公顷,立地条件较好的可确定为 6.7 公顷左右。长方形的小区便于生产管理,长边与等高线平行;梯田形杏园应以坡面或沟谷为小区单位;若坡面过大时,可划分为若干个梯田形小区。

(3)道路设置 园内道路,由主干道、支道和作业道组成。主干道贯通全园,并与村庄、公路相通,宽度为 4~5 米。支道与主干道相连,一般设在小区边缘,作为小区的分界线,宽度为 3~4 米。作业道根据需要设置,与支道相连通,以便于生产作业,宽度为 1~2 米。

(4)防护林带的营造 防护林带对杏园有重要的保护作用。防护林有阻挡气流,减少风害,增加土壤湿度,改善小气候等作用。一般林地比无林地水分高 4.7%~6.4%,空气相对湿度高 10%,这些条件对于杏树的生长发育有良好的影响。杏园防风林的营造,可根据当地的风害情况,结合水土保持工程和道路设置综合考虑。在风沙大的地区,宜营造防护林网,即在主风向上栽植由乔木和灌木组成的不透风主林带。

与主林带相垂直,栽植以乔木组成的副林带。副林带可与园中行道树统一起来。林网小区可在 10～15 公顷。林带可采用乔、灌木混栽,选用当地适宜的树种。防护林带的方向要与主风方向垂直,丘陵地区可栽在沟谷两旁或分水岭上。一般主林带乔木按 1.5～2.0 米株距栽 3～5 行,行距为 2.0～2.5 米,两侧各栽灌木两行,灌木株距为 0.5～1.0 米。

大型杏园,在建园前 2～3 年,就应有计划地营造防护林。防护林树种要选择生长迅速、树冠紧凑、树干高大、枝条茂密、寿命长,并与杏树没有共同病虫害、能适应当地土壤、气候条件的树种。乔木树种,北方可选用杨树、桦树、洋槐、侧柏、樟子松和云杉等;灌木树种可选择紫穗槐、沙棘、沙柳和杞柳等。

面积较小的杏园,可只在主风向上营造防风林,或将边行的杏树行株距加密,以起防风林的作用。

(四)采用先进栽培模式

1. 适当密植

传统的杏园,杏树的株行距都比较大,一般为 5～6 米×8～10 米。这种杏园,单株树体高大,寿命较长,单株产量较高,但单位面积产量特别是早期产量较低。现代化商品果园多趋向于密植。国内外的研究都表明,不同程度的密植都可以增产。罗马尼亚的试验表明,杏树不同程度的密植,增产幅度在 17%～250% 之间。定植后 5～6 年的最高产量,分别是在行株距为 6 米×3 米,6 米×2 米和 4 米×3 米,4 米×2 米的密植情况下获得的。格里坷卡—乔治乌(Greaca-Giur giu)试验站的研究结果表明,不同杏品种在密植条件下都可以提高产量。

辽宁省干旱地区造林研究所,对大扁杏(仁用杏)进行的密植丰产试验也表明,密植可显著增加单位面积的早期产仁量。在该地情况下,实现定植后 4～7 年每 667 平方米产杏仁 50 千克以上的丰产指标,栽植密度应为每 667 平方米为 444 株或 666 株,其中以每 667 平方米为 666 株者经济效益最高。然而,应当指出的是,并不是密度越大越好,杏的产量并不是无限度地随着密度的提高而增加。试验表明,大扁杏在每 667 平方米为 888 株以上时,产量就不再增加了。

合理栽植密度的确定,应当根据杏园的土壤肥力状况、管理水平、品种以及消费方向等,进行综合考虑。一般地势平坦、土地肥沃、肥水条件良好的地块,宜适当稀植。因为在这种情况下,树体生长发育比较繁茂,杏园容易极早郁闭。而在地力、水肥条件较差的沙荒地上,由于树体发育较小,因此,为了充分利用土地及空间,栽植密度可以适当提高。山区杏园可较平地密度高些。生长势强,树姿开张的品种不宜过密,而直立型或紧凑型品种则可加大密度。以鲜食为主的杏园,对杏果的外观质量要求较严,过于密植会影响果实着色,故宜适当减少栽植株数。

确定栽植密度还应当考虑到果园耕作、除虫打药与采收运输等作业的实施是否方便。过于密集的栽植,往往给管理带来麻烦,反而影响总体的效益。

基于上述原因,在目前条件下,一般杏园可以采取 2～3 米×4～5 米的株行距。在技术比较普及、管理水平较高的条件下,或果园面积较小的情况下,可实行高密度或超高密度栽培,每 667 平方米为 100～300 株。栽植方式的确定,应以保证最大限度地利用土地和空间、截获最多的太阳辐射能,以及方便管理为前提。常见的栽植方式,为单行式长方形栽植(此种栽植方式为大行距、小株距)、双行带状式(大小行)栽植和杏粮间作式栽植。

2. 坐地苗建园

在一些气候严寒、干旱少雨、土质不良的地区,直接栽植成苗往往成活率甚低,建园不易成功。在这种地区,可采用先栽(种)砧木,后嫁接的"坐地苗"建园方法。这方面我国广大山区和沙区群众有许多成功经验。坐地苗建园的方法是先在定植点上播种杏核,或栽植砧木苗,待一年后,在长出的实生苗或栽好的砧木上嫁接品种。这种建园方法的优点是,利用实生苗或砧木苗的强大根系及其适应性较强的特点,闯过成活关。尤其是当前杏优种成苗比较缺乏,坐地苗建园是值得提倡的。具体方法有以下两种:

(1) 直接播种法 在定植点上刨坑,播种杏核 3~4 粒,浇水,覆土,踏实。春播秋播皆可,惟春播者种核需经沙藏。经一年的生长后,于第二年(春播者)或第三年(秋播者)春季嫁接(劈接或腹接),培育成幼树。亦可放置 3~4 年后实行高接。

(2) 栽砧木苗法 将在苗圃中培育好的一年生砧木苗,定植在定植点上 1~2 株,成活后,选择生长健壮的再嫁接品种。春植秋植皆可。秋植者为保证安全越冬,可在栽植后距地面 30 厘米处截干,培土防寒(埋严),待翌春发芽时扒开,抹去近地面蘖芽,只留剪口下两三个芽。生长一年后,同播种的实生苗一样,进行嫁接,改成品种。

坐地苗建园,虽然比用成品苗建园晚一年时间,但因砧木苗已经长成强大根系,嫁接后幼树生长迅速,第二年可开花结果,并不比成苗建园迟。在成品苗来源不足的情况下,用此法建园,可省去育苗程序,加快发展速度。

坐地苗建园的缺点是,常使园貌不甚整齐,因此,应尽量提高播种的出苗率或栽植的成活率,特别是嫁接的成活率。要求精选种核和种苗,采取多籽(三四粒)保苗,截干埋土保成活等措施,并请有嫁接经验的能手嫁接,争取一次嫁接成功。

3. 利用野生山杏改接建园

在我国东北、华北、西北和西南广大地区,多有野生山杏(西伯利亚杏、东北杏和藏杏)的分布。在普通杏可以安全越冬的地方,可以利用现有山杏树改接成栽培品种,以增加收益。河北省张家口和承德地区,都有利用山杏改接大扁杏(仁用杏)的成功经验。其方法是:选择坡度比较缓的(20°以下的)、植被条件比较好的、土层比较深的阳坡或半阳坡,将生长在其上的野生山杏,按一定的行株距选留,将其余的杂木或过密的山杏尽皆除掉。选留的密度应视立地条件和改接品种的性状而定。土层较深厚者留稀些,土层薄的留密些;改接龙王帽、白玉扁、北山大扁者应稀些,而改接一窝蜂、串铃扁等品种者则可密些。一般掌握在 2 米×3 米或 3 米×4 米的株行距标准之内。在春季萌芽时,将选留的山杏自距地面 10～15 厘米处锯断,削平锯口,在其上进行劈接或皮下接。当山杏树干比较粗时,宜多插几个接穗,这有利于成活。亦可于秋末对选留的山杏进行平茬,待第二年春天自地表处长出嫩枝,至初夏时在此枝条上进行芽接,改接成大扁杏。改接后会从接口以下长出很多蘖芽,应及时除去。当劈接长出的条子 20～30 厘米长时,应用绳子绑在支柱上,以免人、畜碰伤或被风吹折。

在特别干旱、多石砾的山坡上,土层浅薄,嫁接后不易埋大的土堆,一般的劈接不易成活,此时宜采用根劈接的方法。其操作方法是:将山杏的根颈部刨出,自分生侧根部位(即

"五股叉"处)以下将主根锯断,在根上进行劈接(图 3-1)。根劈接的优点是刨根时自然形成一个大坑,相当于松了一次土,有利于保水,嫁接部位低,土壤湿度大,成活率高,埋土方便,又不易被风吹折。再者,由于是接在根上,不易长出蘖芽,因而便于管理。但此法技术要求较高,如接不活,则毁了一棵树。

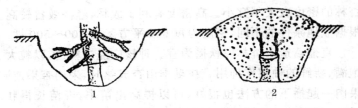

图 3-1　根劈接
1. 刨出老根　2. 在老根上劈接,并覆土

利用野生山杏改成杏园,应当作好水土保持工作。可以在改接成的树下修起树盘或石砌鱼鳞坑,或改造成水平梯田,每年宜进行一次"放树窝子"的扩大树盘的工作,结合施肥,保证嫁接树有良好的生长环境,以获丰产。

由山杏改接大扁杏,建园快,长势旺,能早丰产。河北省崇礼县场地林场,1970 年在土层稍厚的地带将 400 株山杏改接成大扁杏,1972 年树高即达 156～180 厘米,干周为 10.5厘米,形成骨干枝 5～7 个,50％的改接树结了果,个别单株结果 400 多个。改接前 10 年生山杏树仅收获 5～10 千克杏果。改接后,株产杏果 15 千克,加工杏仁 1 千克,提高产量 1.5倍。

4. 山杏的直播造林

在适宜发展山杏的远山深山地区,山高坡陡,栽树不易成活,可结合山区绿化和水土保持工作,采用直播的方法,营造山杏林。直播的方法,不仅省工,省水,而且根入土较深,能抗旱,成活率高,杏树还生长得健壮。

营造山杏林以选土层较厚、基质为半风化岩石的山坡为好。播种前也要进行土壤的准备。多采用挖鱼鳞坑的方法,在坑的周围修起外高内低的水盆,捡出坑内的碎石,换上山坡草皮土。经过半年多的熟化过程,即可在其上播种山杏。山杏林的密度宜大不宜小。高密度有利于成林,经济效益较高。根据立地条件的不同,密度为每667平方米为300~500株。

直播营造山杏林以秋播为宜。种核应经过粒选,以粒大、饱满、新鲜的种核作种用。在夏季山杏成熟时,采用杏果连同果肉一起播下的方法也很好,可以提高出苗率,杏苗长得壮。播种深度为5~7厘米,不可太浅。刨坑后宜撒些土粪,浇些水,每坑播3~5粒种核。使其彼此稍微分散。播后轻轻踏实,盖上一层干草。要做好标志,在草上堆土,以利于保墒。待第二年春天出苗之前,扒开土堆,露草为度,以利于出苗。

幼苗出土后,每坑选二三株壮苗留下,将其余的间除。待苗高15~20厘米时,进行定苗。每坑选一最壮的苗留下,将其他的拔除或移往他处。定苗不可过早,以免意外伤害造成缺株。山杏苗近地面处易出分枝,应及时除去,以利于生长,待苗长至0.8~1.0米时定干。

5. 丘陵杏园间作

杏粮间作式栽植,是一种值得提倡的栽培方式。尤其是对于耕地面积很少的地区,此种方式可以实现杏粮双丰收。在杏树行间种植薯类、花生或豆类,不仅可以充分利用土地,而且对于杏树的生长有良好的作用。在较大的行距间,也可种植小麦、棉花等矮秆作物。对间作物施肥灌水,也营养了杏树。杏树的高大树体和繁茂的枝叶对行间作物则可起良好的保护作用。两者相得益彰,可以获得较好的经济效益和生态效益。杏粮间作以大行距、小株距为宜,掌握"宁可行里密,不可密了行"的原则。一般可采用 2～3 米×6～10 米的株行距。

如在砧木为山杏,品种为红金榛、大拳杏和荷包榛杏园试验。试验园间作物为花生、西瓜、胡萝卜和辣椒。具体种植方法是:以杏树行为中线做 80 厘米宽的树盘,栽辣椒;行中间做 180 厘米宽的畦,栽 2 行双膜西瓜,收获后种胡萝卜;畦两边各起一条宽 70 厘米的垄,每垄种 2 行地膜花生。对照园只在行间种 6 行花生。从 6 年试验结果调查统计看,试验园杏树平均每公顷产量与对照园差异不大,但由于试验园的间作,每公顷的收入却有较大差异。投入产出比试验园为 1：10.5,对照园为 1：8.3。故为提高杏园前期的经济效益,可进行杏园间作。

6. 推广先进栽培方式

如辽宁省辽中县宝田桃园李宝田同志推行的早熟杏温室盆栽技术,能使早熟杏更早熟。盆杏,看花食果,深受人们的青睐。其树体矮化,小巧玲珑,移动方便,有利于集中休眠,在温室内立体栽培,2 月份成熟,667 平方米效益达 3 万～6 万元。

第四章　土肥水管理

一、土壤管理

(一)认识误区和存在问题

土壤是农业生产的基础,土壤支持着作物的生长,是作物生长的养分来源。良好的土壤条件是作物健康发育的前提。

杏树是抗逆性强、耐粗放管理的树种,广泛分布在我国的东北、华北及西北地区的贫瘠土壤上。农民的感觉是,杏树对土壤的质地要求不严格,因此,在杏树栽植的区域基本上不进行土壤的周期性管理,导致树体的营养吸收区环境较差,问题较多。

杏树是深根性果树,它喜生长在土层较厚、结构疏松的砂质壤土中。但由于杏树主要分布在我国的北方地区,土壤瘠薄,肥力较低,很难满足杏树正常生长所需的营养元素,所以,果园土壤改良就显得尤为重要。

杏树栽植地区多是坡地,没有保水、保肥的能力,加之灌溉条件差,自然降水又易流失,因而造成土壤含水量较低。

(二)提高土壤管理效益的方法

1. 进行土壤改良

良好的土壤管理,可以使土壤质地疏松,通气良好,土壤中微生物活跃,保证杏树的根在适宜的环境中发育,而强大的根系又是杏树吸收水肥的基础。只有根系强大,吸收根系发达,地上部的生长发育才有可靠的营养基础。因此,提高杏园的土壤管理水平,是获得高产稳产、生产绿色果品的前提条件。

土壤改良的主要方法是深翻熟化。杏园深翻熟化,要结合增施有机肥,可以加深活土层,提高土壤肥力,改善土壤理化性质,促进养分转化,增强微生物活动,加速土壤熟化过程,消除土壤中的不利因素。深翻能够提高土壤的孔隙度,增强土壤保水、保肥能力及通气透水性。深翻结合施入有机肥料,还可以使土壤中微生物数量增多,活性加强,从而加速有机物质的腐烂和分解,提高土壤肥力。深翻还可以使根系分布层加深,有利于增加根的数量。尤其是对于土层不足50厘米的瘠薄山地或砂地、黏土地,熟化和改良效果更为明显。

深翻时间可选择在早春化冻后及夏初雨季前进行。但是,最适宜的深翻时期是果实采收后,与秋施基肥、蓄水灌溉同时进行。此时深翻,根系伤口容易愈合,且易发新根,有利于杏树第二年的生长发育。同时,深翻后经过漫长的冬季,有利于土壤风化和蓄水保墒。

耕翻深度,应根据地区特点和土壤质地而确定。土壤质地好,根系发达,生长较深,翻得也应深;反之,则宜浅。黏重土壤宜深,砂质土宜浅;地下水位低宜深,地下水位高者宜浅。

2. 进行地形改造

我国的杏树主要分布在土壤瘠薄的地区,其中一部分生长在山地上。在这样的地区栽植杏树,由于具有坡度,没有保水、保肥的能力,所以,栽植杏树前,一定要整修梯田。坡面完整的,可修水平梯田;坡面破碎的,可修复式梯田或鱼鳞坑式梯田。水平梯田应当外高内低,内侧挖竹节状排水沟,以便降水较大时,既拦水,又排水,缓冲横向的沙土流失。

梯田壁以土筑坡为宜,其上可生草或种植多年生豆科绿肥,既起护坡作用,又可提供绿肥。坡面破碎的山地果园,不可能在同一等高线上修成水平梯田,可修成复式梯田,即按一株或几株树修成一个小型平面。这种梯田较零散,但在地形复杂的山地可充分利用土地,而且极有利于水土保持。在坡度较大、坡面破碎的既有杏园,水土保持的补救办法,就是修筑鱼鳞坑梯田,即在每株杏树的下方修筑半圆形的鱼鳞坑,以蓄水保土,保证杏树的生长发育。

3. 实行杏园覆盖

实行杏园覆盖,有使用覆盖物进行覆盖和进行生草两种方式。

(1)杏园覆盖 杏园覆盖,即利用地膜,及秸秆与杂草等植物体覆盖土壤的栽培方式。它可以防止水分蒸发,减少地面径流,增加土壤有机质,调节土温,促进有益微生物活动,为根系创造良好的生活条件。各地试验表明,树盘覆草是行之有效的增产措施,每年早春结合修整树盘,向树盘内浇水50~100升,然后覆盖杂草、麦秸及其他轧碎的作物稿秆等15~20厘米厚,覆草后用土压住。覆草经过3~4年的日晒、雨淋、风吹,大部分分解腐烂后,可一次结合深翻入土。深翻后,继续进行第二次覆草,如此反复。

丘陵山区扁杏园覆草效应的研究表明:连续 4 年的树盘覆草(厚 15~20 厘米),能够增加根系分布层土壤含水量,其中 0~20 厘米深的土层增加 3.06%~5.7%,21~80 厘米深的土层增加 2.51%~3.91%。同时,覆草还可增加土壤中的有机质含量,改善土壤理化性状和结构,促进根系生长,提高抗旱力和适应性,从而减缓了树体的衰老,促进花芽分化质量,提高坐果率 5.9%~12.2%,提高一级仁率 21%,每 667 平方米平均增产 8.1 千克,增值 291.6 元,经济效益明显。

（2）杏园生草 果园生草,是世界许多国家都在大力推广的一种土壤管理新技术。它与传统的清耕法相反,它是通过在果园内人为种草,达到改善土壤管理的目的。这是解决我国杏园有机肥施用不足、有机肥源短缺的有效途径。

①生草的作用 长期的生草,可以减少地表径流,提高土壤水渗透率,降低风和水对土壤的侵蚀,增加土壤有机质,改善土壤理化性状,促进土壤有益微生物的繁殖和生长。刘成先于 20 世纪 70 年代,在辽宁省果树研究所平地棕黄土苹果园,连续三年种植二年生白花草木樨绿肥,使土壤有机质含量增加 0.27%,全磷增加 0.05%,土壤容重减少 0.12 克/立方厘米,土壤孔隙度增加 4.45%,土壤含水量增加 1.91%。

②生草的方法 杏园生草一般是在当果树在 3 年生以后不能间作其他作物时进行,多采用行间生草,果树行距在 3 米的,在行间可种草 2 行,杏树行距在 3.5～4 米的,可在行间种 3～4 行,草株行距为 20 厘米×40 厘米。每年对生草可以刈割 2～3 次,覆于树盘、树行。对多年生草可每隔 5 年翻压一次,翻压深度,以 15～30 厘米为宜。

③生草的种类 一般应选用与果树争水争肥矛盾小,对果树郁闭度低且不易感染病虫害的草种。北方果园应选用耐寒、耐旱和耐瘠薄的种类,如三叶草、毛叶苕子、百脉根、小冠花、沙打旺、草木樨和紫穗槐等。

4. 进行间作

（1）合理间作的意义 幼龄杏园或株行距较大的成龄杏园,空地较多,光合面积少,光能利用率低。进行合理间作,一方面可充分利用土地,弥补果品产量暂时不高的损失;另一方面可对土壤进行养护,同时间作物对土壤也可起到覆盖作用,防止土壤冲刷,减少杂草危害。

(2)间作物种类 应选择适宜的间作物。适宜的间作物，应具有生长期短，植株矮小，根系分布浅，吸收肥水较少，而且其多量的吸收肥水期与杏树的需肥水期相错开，与杏树没有共同的病虫害等特点。选择间作物种类时，应首选具有提高土壤肥力、改良土壤结构作用大的作物，如花生、甘薯、豆类和瓜类，以及药用植物(丹参、党参、沙参、白芍、天南星等)与禾谷类作物等。

(3)间作方式 一般株间留出清耕带，行间种植间作物。清耕带宽度依树龄、树冠大小而定。一般3年生以前的幼树杏园，清耕带留1.5米，3年生以后留2米为宜，以后应逐年加宽。

间作物选择应因地制宜，土壤瘠薄的远山杏园，可间作耐瘠薄的谷子、豆类、药用植物和绿肥；近山杏园，可选谷子、绿肥和薯类；河滩杏园可间作西瓜、花生、豆类和薯类等；肥水条件好的杏园，也可适当间作蔬菜和草莓等。

二、施肥管理

(一)认识误区和存在问题

由于长期以来，人们偏施氮肥，造成作物徒长而不抗病。特别是果树偏施氮肥后，花芽分化不良，坐果率下降，果实着色差，风味淡。20世纪80年代以来，人们施用氮肥的量逐年减少，而磷、钾肥的施用量有所增加，因而极大地提高了果树的产量，改善了果实的品质。这就使广大果农产生了一个错觉，即土壤中的氮肥已经足量，不再需要添加，因而导致现在部分地区的土壤中严重缺氮，并发生了相应的生理病害。另外,长期速效肥料化肥等的使用,不仅造成了土壤的板结和肥力的下降,也造成了土壤中微量元素的缺乏,从而使果品质量大大下降。此外,由于果农在果树施肥时间、方法以及施肥量方面认识片面,并且也不予重视,因而导致了施入的肥料,不能被及时吸收,从而影响了果实的正常发育。

(二)提高施肥效益的方法

1. 实施土壤分析配方施肥

所谓配方施肥,就是根据果树需肥规律、土壤供肥情况和肥料效应,在以有机肥为基础的条件下,确定氮、磷、钾和微肥的适宜量和比例,以及相应的施肥技术。

配方施肥的内容,包括配方和施肥两个部分。配方,就是根据土壤和果树状况,在产前定肥定量。既要考虑果树的生理需要,又要考虑地力的保持。施肥,是肥料配方在生产中的具体执行,即根据配方确定肥料的品种和用量,合理安排追肥和基肥的比例,施用追肥的次数、时间、用量及施肥方法等。

果树配方施肥是一项新的施肥技术。它根据合理配方,实行平衡施肥,使有机肥与化肥相结合,力求达到果树体内各种养分的动态平衡,为果树生长发育创造良好的营养条件。杏树配方施肥,可大大减少施肥的盲目性,提高肥料的利用率,是实现杏树连年优质高产的重要措施。

杏树施肥的配方常因各地土壤、气候及品种的不同而变化。据辽宁省果树研究所土肥研究室测定,鲜食杏最佳氮、磷、钾比例为 2∶1∶3,仁用杏最佳氮、磷、钾比例为 2∶1∶2。

各地应根据杏树叶分析、土壤测试结果和气候条件,具体确定适宜的配方比例。另外,还要注意补充铁、锰、铜、锌和硼等微量元素。

2. 多施有机肥

有机肥料是指主要来源于植物或动物，以提供植物养分和改良土壤为主要功效的含碳肥料。有机肥料含有丰富的有机质和植物所必需的各种营养元素，还含有促进植物生长的有机酸、维生素和生物活性物质，以及多种有益微生物，是养分最齐全的天然肥料。因其一般不含人工合成的化学物质，直接来源于自然界的动、植物，被认为是生产有机食品的惟一肥料、生产无公害农产品的首选优质肥料。根据有机肥料的资源特性、性质功能和积制方法，将有机肥料归纳为粪尿肥、堆沤肥、秸秆肥、绿肥、土杂肥、饼肥、海肥、腐殖酸、农业城镇废弃物和沼气肥等十大类。有机肥料的应用，对改善土壤结构，增加有机质含量，提高果实品质，具有重要作用。

3. 重视叶面喷肥

（1）喷施浓度　叶面喷施的肥料，直接施于叶片表面，必须严格掌握使用浓度（表 4-1）。另外，一些新型肥料，如叶面宝、光合微肥、"地尔金"系列液肥和硅酸盐菌剂等，应按使用浓度喷施。对于新型肥料，应先试验，后使用。

表 4-1　果树常用叶面肥种类及使用浓度

元素种类	肥料种类及浓度（%）	
氮（N）	尿素 0.3～0.4	
磷（P）	磷酸二氢钾 0.2～0.3	磷酸铵 0.3～0.5
钾（K）	硫酸钾 0.2～0.4	硝酸钾 0.3～0.5
镁（Mg）	硫酸镁 1.0	氯化镁 1.0～2.0
铁（Fe）	硫酸亚铁 0.1～0.4	
锌（Zn）	硫酸锌 0.1～0.4	
铜（Cu）	硫酸铜 0.05	
硼（B）	硼酸 0.1～0.5，硼砂 0.1～0.25	

（2）**注意事项** 叶面喷肥具有土壤施肥不可替代的作用。但是，要使叶面喷肥充分发挥其优越性，就必须在具体进行时注意以下事项：

①根外追肥不能代替土壤施肥。它是土壤施肥的一种补充，只有在做好土壤施肥的基础上，加强根外追肥，才能实现杏树的优质高产。

②根外追肥的肥效短，一般叶面喷后 25～30 天肥效就逐渐消失。所以，叶面追肥应勤喷，一年喷施 4～6 次，间隔期为 5～15 天。

③温度高，风速大，雾滴失水快，不利于树体对肥料的吸收。根外追肥的最适温度为 18℃～25℃。生长季节宜选傍晚（下午 4 时以后）或早晨露水未干时（上午 10 时以前）进行，以利于肥液吸收，并避免肥害。

④叶面肥浓度一定要掌握准确。过高会引起肥害，过低效果不明显。生长前期枝叶嫩，浓度宜低；生长中后期，枝叶成熟，可适当增加施用浓度。

⑤叶背面吸肥能力较正面更强，因此，喷肥时应注意背面的喷施，使肥液均匀喷布于叶片反面和正面。

4. 根据生长期适种、适量施肥

充足而均衡的营养供应，是杏树丰产的前提。施肥量不足，难以保证优质花芽的形成。但也不是越多越好，超量施肥不仅会造成资金、人力的浪费，而且还会增加环境负荷，影响杏树正常生长。另外，在大量元素肥施入时，还应加入适量的微量元素肥，以保证树体吸肥均衡。

（1）杏树理论施肥量 计算理论施肥量之前，应先确定目标产量，根据杏树各器官每年从土壤中吸收各种营养元素量，扣除土壤供给量，并考虑肥料的损失，其差额即为施肥量，也就是养分平衡法计算公式在果树上的具体运用的结果。其计算公式如下：

施肥量（千克/667平方米）＝（果树吸收营养元素量－土壤供肥量）/[肥料中有效养分含量（％）×肥料利用率]

目标产量，是根据品种、树龄、树势及土壤、栽培管理等综合因素，所确定的当年合理的计划产量。它是当年进行杏树栽培管理工作的基本依据。

杏树需肥量，为杏树在年周期中所需要吸收的一定养分量。这是杏树为构成自体完整的组织而需要的养分量。据报道，大扁杏一般每生产100千克杏仁，需氮20千克，五氧化二磷11千克，氧化钾15千克。

土壤供肥量（天然供给量），为土壤所能提供的、可供杏树吸收的营养元素量。土壤中矿质元素的含量相当丰富。但如果长期不施肥，则果树生长发育不良。这是由于土壤中的矿质元素多为不可供给状态而存在，根系不能吸收利用所致。土壤中肥料三要素天然供给量大致如下：

氮的天然供给量，约为氮的吸收量的1/3；磷的天然供给量，约为吸收量的1/2；钾的天然供给量，约为吸收量的1/2。

肥料利用率：为施入肥料中被杏树吸收利用部分所占的比例。施入土壤中的肥料，由于土壤的吸附、固定作用和随水淋失、分解挥发的结果，因而不能全部被果树所吸收，只有一部分可以被利用。

肥料中有效养分含量，为所施入肥料含有效养分的多少。在养分平衡法配方施肥中，肥料中有效养分含量是个重要参数。常用有机肥料及矿质肥料的有效养分含量如表4-2所示。

表 4-2　主要矿质肥料的种类和有效养分含量

肥料名称	有效养分含量			肥料名称	有效养分含量		
	氮(%)	磷(%)	钾(%)		氮(%)	磷(%)	钾(%)
硫酸铵	20～21			磷酸铵	17	47	
硫酸钾			48～20	磷酸二氢钾		52	35
碳酸氢铵	16～17			草木灰		1～4	5～10
氯化钾			50～60	复合肥(1)	20	15	20
硝酸铵	23～35			复合肥(2)	15	15	15
硝酸镁钙	20～21			复合肥(3)	14	14	14
尿　素	46			硼砂	含硼	11.3	
氨　水	17			硫酸锌	含锌	23～25	
氯化铵	24～25			硫酸亚铁	含铁	19～29	
硝酸钙	13			硫酸锰	含锰	24～28	
过磷酸钙		12～20		硫酸镁	含镁	16～20	

例如,计算每 667 平方米生产 50 千克扁杏仁需施用的三要素肥料量,具体计算过程如下:从上述提及可知,氮的吸收量为 10 千克,氮的土壤供给量约为 10 千克×1/3＝3.3 千克,氮的肥料利用率为 50%;磷的吸收量为 5.5 千克,磷的土壤供给量约为 5.5 千克×1/2＝2.75 千克,磷的肥料利用率为 30%;钾的吸收量为 7.5 千克,钾的土壤供给量约为 7.5千克×1/2＝3.75 千克,钾的肥料利用率为 40%。从而得出其理论施肥量如下:

施氮量＝(10－3.3)/50%＝13.4(千克)

施磷量＝(5.5－2.75)/30%＝9.1(千克)

施钾量＝(7.5－3.75)/40%＝9.3(千克)

另外,确定施肥量还应考虑树体情况、土壤性质、地势高低、农业技术高低以及气候干旱程度等。如土壤质地好,施肥量可适当减少;反之,应酌情增加。总之,施肥量的确定,应参考优质、丰产杏园的施肥量,结合营养诊断和当地果树生长的实际情况,经过多方面分析研究后决定,并且要不断加以调整,使理论施肥量更加符合树体生长的实际情况。

(2)杏树合理施肥量 土质较好的杏园,每 667 平方米面积施腐熟的猪粪应为 3 000～4 000 千克＋复合肥 80 千克。如果在贫瘠的沙地上,施肥量应适当提高。据资料介绍,M·鲍贝斯库等(1981)在罗马尼亚奥尔泰尼亚(Oltenia)南部沙地杏园进行施肥试验,当地的沙层厚达 7～8 米,土壤有机质含量为 0.6％～1.3％,氮含量为 0.05％,磷含量为 4～6 毫克/100 克土壤,钾含量为 5.8 毫克/100 克土壤,pH 值为 6.5。试验结果表明,最好的施肥效果是每 667 平方米施粪肥 6 000 千克,或者施含氮 10 千克、磷 6 千克、钾 10 千克的化肥。

5. 灵活采用施肥方法

(1)环状沟施 在树冠外围稍远处挖环状施肥沟,此法具有操作简单、用肥经济等优点。但挖沟易切断多量水平根,且施肥范围较小,因此,一般多用于幼树。

(2)放射沟施 以树干为中心,以树盘 1/2 处为起点,向外挖 6～8 条放射状施肥沟。沟长超过树冠外围,里浅外深。这种方法较环状沟施肥伤根少,但挖沟时也要躲开大根,并隔年更换放射沟位置,扩大施肥面。

(3)灌溉式施肥 结合滴灌、喷灌等形式进行施肥。这种施肥方法供肥及时,肥分分布均匀,既不伤根系,又可保护耕作层土壤结构,能节省劳力,降低成本,提高劳动生产率。

另外,还有条沟、穴状与穴贮肥水等施肥方法。对于以上施肥方法,应根据具体情况选用,而且应交替更换不同方式,以便提高施肥效果,全面增强杏园土壤肥力。

三、水分管理

(一)认识误区和存在问题

杏树是公认的抗旱树种。杏树作为抗旱的先锋树种,被广泛地种植在干旱的地域内。同时,它也是防风固沙的经济林树种。但是,在此地域内生长的杏树,它的果实与较好土地上的杏树果实相比,质量有一定的差距。其主要原因除了土壤营养元素的缺乏之外,水分供应不足也是重要方面之一。因为水是植物光合作用的主要原料,营养运输的媒介,果实增大和果实品质改善的主要因素。不能及时进行灌溉的果园,虽然果实能正常生长,但是不能达到其固有的品种特性。所以,在干旱地区的果农,应改变传统的认为杏树可以不进行灌溉的观念,在有条件的地方,必须进行合理的土壤灌溉。这样,才能使所栽杏树的品种特性充分地体现出来,达到优栽、优管、优质和优价。

(二)提高水分管理效益的方法

1. 适时适量灌水

在年生产周期中,杏园灌水的次数和数量,应根据产区的降水状况、土壤水分情况和树体发育需要而定。在我国北方地区,应重点搞好杏园三个关键时期的灌水。

(1)花前灌水 花前灌水,又称解冻水或萌动水。北方地区多春旱少雨,花前灌水,有利于杏树开花、新梢生长和坐果。

灌水时间最迟不能晚于花前 10～12 天。此次的浇水量要大些,应使土壤含水量达到 70%,相当于每 667 平方米灌 30 吨水。

(2)硬核期灌水 此期是杏树需水临界期。如果园地土壤水分不足,浇一次透水十分必要。否则,会导致杏树大量落果,影响果实发育。

(3)封冻水 北方地区杏园在土壤结冻前,灌足封冻水,能保证杏树根部在冬、春季有良好的发育,为下一个生长季的丰收奠定基础。试验表明,浇封冻水,不仅有利于根部的发育,而且能显著提高花芽的抗寒力,其抗寒力可比未灌封冻水的对照提高 11%～50%。

在果实膨大期和秋施基肥后,杏园是否需要灌水,应视天气情况而定。果实膨大期如遇干旱,应及时灌水。秋季一般不灌水,使土壤保持适当干燥。但雨水少的年份,采果后的土壤过旱,亦可适当轻灌。果实成熟期切勿灌水。否则,会造成裂果,降低品质。

2. 实行节水灌溉

杏园灌溉方法,应视水源情况和土壤的性质而定。传统采用的多是地面灌水方式,包括树盘灌水、沟灌、分区灌和漫灌等。地面灌水,简单易行,但耗水量大,土壤易被冲刷和发生板结,盐碱地容易泛碱。随着科学技术和工业生产的发展,灌水方法不断得到改进,尤其是向机械化灌水方向发展速度较快。在国外果园所应用的喷灌、滴灌和渗灌等先进的机械化节水灌溉技术,已开始在我国发展应用。在我国杏园运用较多的先进灌溉方式,主要有以下几种:

(1)喷灌 喷灌就是把水喷到空中,使之形成细小的水珠,再落到果树和地面上的一种灌溉方式。这种方式在各种地形和地势上均能应用,省工省时,并可兼喷农药、肥液和植物生长调节剂,同时具有调节小气候的功能。目前,喷灌在果树生产上已得到愈来愈多的采用。

但是,喷灌投资大,喷头易堵塞,要求水质好,并且要有过滤的设备,风沙大的地区或季节,高喷头喷灌易产生灌水不均匀的现象。这些方面,是实行喷灌时应当加以解决或避免的。

(2)滴　灌　滴灌是近代发展起来的机械化和自动化的先进灌溉技术。它是将有压力的水,通过一系列的管道和滴头,一滴滴地灌入果树根区的土壤中。滴灌比喷灌更节水,大约可节水70%,而且土壤不板结,温、湿度也比较稳定。但采用这种方式投资大,而且管道的滴头容易堵塞。杏园灌溉的研究证明,在水源缺乏的山区,滴灌是小水大用的经济效益高的灌溉方式。滴灌仁用杏比不灌的坐果率增加4.18%～9.2%,出仁率提高3.33%～9.67%,每667平方米产仁量平均增加113%。

(3)地下灌溉　地下灌溉,又称渗灌。是用埋在地下40厘米左右的多孔管道,向杏树根部直接供水的方法。水分从管道孔眼中渗出,首先浸湿周围的蛭石或珍珠岩等吸水材料组成的浸润带,再由浸润带逐渐渗到土壤中。此法最省水,几乎没有蒸发消耗。适宜于砂质土壤的灌溉。

(4)管道灌溉　管道灌溉技术,是通过恒压泵,使井水通过主管道、干管道和支管道,输送到果树行间或树盘的灌溉技术。此法与上述喷灌、滴灌相比,具有简便易行,投资和施工费用大为减少的优点,故近年来普遍引起重视并受到生产者的欢迎,是一种符合国情,具有广泛应用前景的灌溉方式。

管道灌水高效、低耗,与土渠灌溉相比,可以收到省水、省时、省电、省工、省井和省地的效果,并可提高水利用率,提高灌水的质量。

除上述灌水新方法外,现代杏园水分管理中尚有雾灌、皿灌、薄壁软管微滴和微地形打孔集流等新技术。对于这些新技术,如果具备实行管道灌溉的条件,杏园也可以采用。

3. 采取经济有效的保墒方法

杏树的根系发达,具有较强的抗旱能力,但是,由于杏树栽植区域的降水量较少,蒸发量大,水分的缺乏就突显出来,因此,采取经济有效的保墒方法尤为重要。

(1)保水剂浸根 为了避免苗木在定植前根系失水,提高定植成活率,在起苗后,应立即用保水剂进行浸根处理。经过浸泡后的杏树苗木,可以延长根系的存活时间,从而达到提高定植成活率的目的。

(2)覆土埋苗 我国北方地区冬季寒冷干燥,风速很大,加速了植物的蒸腾作用,新栽的幼树往往会因为失水过多而发生抽条现象,从而降低了定植成活率。解决这个问题的最好方法是,采用覆土埋苗的办法,即苗木栽植定干后,围绕苗木进行培土,将苗木全部用湿土埋严。这样可有效保墒,有效地降低根系的水分流失。

(3)幼苗套袋 在背风向阳条件较好的地方,为了减少埋苗的工作量,一般采取套袋措施进行防寒越冬。具体办法是,幼苗定干后,用一透明塑料袋自上而下地将苗干套严,上端扎死,下端用土埋实。到第二年春季树体萌芽前,将袋去掉。这种做法可以起到较好的保湿、保温作用。

(4)覆盖保墒 对新建园,在春季采用树盘单株覆膜或条带覆膜办法,可以达到保水增温,提高栽植成活率,促进幼树生长发育的目的。对尚未郁闭的幼杏园,则采取行间覆盖农作物秸秆的办法,以减少地表水分蒸发,提高抗旱保水能力。

4. 适时排水防涝

杏树是耐涝性较差的树种,土壤排水不良对杏树所造成的危害,首先是根的呼吸作用受到抑制,而根吸收养分和水分或自身生长所必要的动力源,都是依靠呼吸作用释放的热能来进行的。如果地面积水较多,时间较长,轻则引起早期落叶,重则引起烂根和全株死亡。因此,在降水较多的地区,特别是地下水位高、地势低与排水不良的杏园,更应及时排水。

排水时间的确定,进行土壤水分的测定,是比较准确的方法。当土壤水分达到最大持水量时,必须进行排水。砂壤土的最大持水量为 30.7%,壤土的最大持水量为 52.3%,黏壤土的最大持水量为 60.2%,黏土的最大持水量为 72%。

第五章　整形修剪

一、认识误区和存在问题

1. 不修剪，放任不管

农民果园管理技术水平较低，农村技术人员缺乏，使杏树树体多年不修剪，导致大枝过多和密挤，通风透光条件差，影响花芽分化，使杏树开花少或不结果。

2. 修剪方法不当

受地区传统杏树栽培习惯的影响，农民对杏树科学管理意识淡薄，整形修剪不到位，导致树冠内光照不足，通风不良，树体光合物积累少，树冠郁闭；枝条细弱甚至枯死，结果部位外移，树冠内膛空虚，生长与结果不协调。影响果实品质和树体经济寿命，并且还极易表现出周期性结果，即结果的大小年现象。

3. 不能因树修剪

在修剪中，未按树龄或灾后（如冻灾、涝灾、虫灾和病灾等）树体受害程度，做到因树修剪，不能统筹规划，合理安排，而是任意而为，胡乱修剪，结果造成该结果的树没能结果，该高产的树未高产。

4. 忽视夏剪或夏剪技术不当

有的杏园只在冬季进行修剪，夏季则不进行修剪。有的杏园夏剪方法和次数不对，化控技术应用不当，造成树体郁闭，结果枝少，产量低。

5. 不能对不同用途的树进行不同的修剪

对仁用杏树,有的采用自然圆头形修剪,由于中心干的存在,使内膛枝相对郁闭,光照不良,影响花芽质量,使结果部位外移,果实数量相对减少。在仁用杏幼树的冬季修剪上,生产中普遍存在的问题是,对所培养的主枝头进行短截,对不需要培养主枝的枝缓放不动,想使其缓和生长。但结果却恰恰相反,主枝越培养越小,其他枝越缓越大,以至造成树形混乱,主从不分。

二、提高整形修剪效益的方法

(一)切实把握整形修剪的原则和依据

杏树极喜光。不管采用自然圆头形、自然开心形或疏散分层形树形,主枝都不要太多,但层间要大,从而使阳光能进入内膛,以改善通风条件和提高光能利用率。

只有通过合理整形修剪,才能形成合理的树形和树冠结构,调节好生长与结果的平衡关系。使幼树迅速扩展树冠,增加枝量,提前结果,早期丰产;盛果期树实现连年高产、稳产,并且尽可能延长盛果期年限。在生产实践中,应重视整形修剪的作用,但整形修剪必须在良好的土、肥、水等综合管理的基础上,才能充分发挥作用。

1. 坚持整形修剪的原则

(1)因树修剪,随枝作形 杏树由于品种和树龄的不同,所表现出来的生长结果习性也不尽相同,因此,整形修剪方法也应各有侧重。具体修剪时,既要事先有所计划,又要根据实际的树体长势而定,决不能生搬硬套,机械造形。就同类枝而言,彼此之间在生长量、角度和芽的饱满程度方面也有差异。这就需要根据杏树枝条的具体情况,采取不同的方法,因枝修剪,才能达到预期目的。

(2)统筹兼顾,长远规划 修剪是否合理,对幼树的早丰、早产和盛果期树的高产稳产,以及优质果的形成等,都有一定的影响。因此,一定要做到统筹兼顾,全面考虑。在杏树幼龄时期,既要生长好,迅速扩大树冠,又要早结果,使生长结果两不误。同时,还要考虑发展前途,延长结果年限。如果只顾眼前利益,片面强调早果及丰产,就必然会造成树体衰弱,形成小老树。如果片面强调树形,而忽视早结果和早丰产,就不利于生产发展的需要。同样,盛果期树也要做到生长结果相互兼顾。

(3)轻重结合,方法得当 相比较而言,杏树花芽是较易形成的。如果土、肥、水管理都能跟上,当年生枝即可形成饱满的花芽。另外,一部分树姿直立的杏树品种,在生长旺盛的枝条上,也能很好地坐果,这是与苹果树不一样的地方。因此,幼龄杏树不一定要一味地搞轻剪缓放。而可根据实际需要,在修剪中做到轻重结合。但必需方法得当,这样才能把杏树的本身特点反映出来。

(4)均衡树势,主从分明 在同一株杏树上,同层骨干枝的生长势必须基本一致,防止强弱失调。但各级骨干枝之间的主从关系也应明确,有中心领导干的,要绝对保持其生长优势。各层主枝应下层强于上层,防止出现上强下弱的现象。修剪时,从属枝必须为主干枝让路,使各级骨干枝保持明确的主从关系。

2. 把握整形修剪的依据

(1)品种特性 杏树品种不同,其生物学特性各有差异,在萌芽率、成枝力、枝条开张角度以及结果枝类型、坐果率高低等方面，都不尽相同。因此，进行杏树修剪时不能千篇一律，应根据实际情况确定修剪方法。

（2）修剪反应 杏树品种不同，其枝条对修剪的反应不一样。而同一品种的不同类型枝条，对修剪的反应也是不同的。进行修剪，应明确什么是有利于加强生长的剪法，什么是有利于缓和生长、促进幼旺树结果的剪法，短截、疏枝、回缩和缓放的修剪反应是什么等问题。

另外，还应明白，修剪有双重作用，即对全树整体的抑制作用和对局部的促进作用。整体抑制作用，表现在地上部修剪量越大枝叶量越少，叶片制造的养分也就相应减少，供给根系的营养也减少，从而抑制了根系的生长，也减少了根系向地上的营养供应量，最终也就抑制了树体的生长。局部的促进作用，表现在剪口附近枝芽的生长势显著加强，剪截越重，加强越明显。

（3）树龄长势 树龄不同，其生长结果的表现也不同。幼树至初果期树生长势较旺，其修剪程度应偏轻，要注意整形，使其提早结果。盛果期后，树势生长缓和，开始大量结果。对此期的杏树，应开张树势，打开光路，同时注意调节营养枝和结果枝的比例，以保证盛果期年限加长。到了衰老期的杏树，需要重剪，使其老枝更新复壮。

（4）栽培管理条件 如果栽培管理措施跟不上，过分的强调轻剪、缓放和多留果，必然会造成树体衰弱，整形修剪的作用也就不会很好地显示出来。在栽培条件较好的杏园，可充分发挥修剪作用，达到高产、稳产、优质的目的。另外，栽植形式和密度不同，整形修剪措施也应相应改变。密植园树冠矮小，宜及早控制树冠生长，防止郁闭。

（二）科学整形修剪，造成合理树形

整形的目的,在于造成坚实的树体骨架,便于形成能最大限度地截获光能的叶幕和负载合理的树体结构。合理的树形应符合早结果、早丰产、易管理和果实质量优良的要求。树形的具体选择,应根据栽培条件、管理水平、所栽的品种以及栽培的方式和密度等,来慎重决定。目前国内外比较普遍采用的杏树树形,主要有小冠疏层形、自然圆头形、杯状形和开心形。此外,还有金太阳杏单篱架自由扇面形整枝和密植轮台白杏倒"人"字树形等。

1. 小冠疏层形

（1）树体结构　干高 40～60 厘米,有中心主干。第一层三个主枝,层内距为 15～20 厘米。第二层两个主枝,距第一层主枝 60～80 厘米,与第一层三个主枝插空选留,以上开心。每个主枝配置 1～2 个侧枝。

（2）整形技术　第一年定干 60～70 厘米。从剪口下长出的上部新梢中,选出一个健壮的直立枝条作为主干延长枝。在其下部的枝条中,选出三个长势较强、分布较均匀的枝条,作为第一层的三大主枝。留作主枝的枝条任其充分生长,对其余的枝条进行摘心、疏除或短截,控制其生长。冬季修剪时,对第一层的三大主枝剪留 50 厘米左右,对主干延长枝剪留 60 厘米。翌年春天,从主干延长枝剪口下长出的枝条中,除选出一个主干延长枝外,将其余枝条拉平,进行缓放,以培养成永久性的大结果枝组。冬季对中心干延长枝剪留 50 厘米左右,当年选留两个长势、角度、方向良好的枝条,作为第二层主枝。第二层主枝要求与第一层主枝相互错开,不要重叠。对第一层主枝还是剪留 50 厘米左右;对其余的枝条要控制生长,进行摘心、短截或疏除。翌年冬季修剪时,对第二层主枝剪留 40～50 厘米。按此方法进行修剪,最终培养成树高在3.0～3.5 米,具有五大主枝的理想树形(图 5-1)。

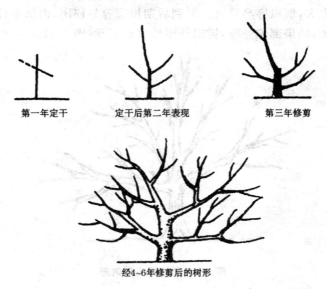

第一年定干　　　　定干后第二年表现　　　　第三年修剪

经4~6年修剪后的树形

图 5-1　小冠疏层形树形及其整形过程

2. 自然圆头形

(1) 树体结构　干高 50～60 厘米,主干上着生 5～6 个错落着的主枝,主枝基部与树干成 45°～50°角。

(2) 整形技术　苗木定干后,经过 1～2 年时间,在整形带内选留 5～6 个错落着生的主枝,除最上部一个主枝向上延伸之外,其余枝条皆向外围伸展。主枝基部开张角度为 45°～50°。当主枝长达 50～60 厘米时,进行剪截或摘心,促其生成2～3 个侧枝,侧枝分散在主枝两侧,主枝头继续延伸。当侧枝生长至 30～50 厘米时摘心,在其上形成各类结果枝并逐渐形成结果枝组。

自然圆头形因整形的修剪量小,成形快,定植后 2～3 年即可形成该树形,因而进入结果期早。又因它无中心干,树冠不太大,所以容易管理。但到后期树冠容易郁闭,内部小枝易枯死,结果部位外移,树冠外围枝容易下垂(图 5-2)。

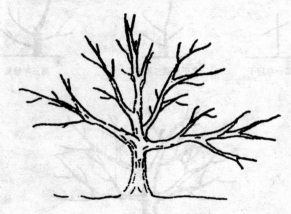

图 5-2　自然圆头形树形

3. 杯 状 形

五主枝杯状形树体的产量,高于四个主枝杯状形树体的产量。对于需要依赖于直接着生结果枝组的主枝数多的丰产品种(如仁用杏丰仁杏),应采用此树形。

(1)树体结构　干高 30～50 厘米,主干上分布 3～5 个主枝(骨干枝)。主枝单轴延伸,没有侧枝,在其上直接着生结果枝组。主枝开张角度为 25°～35°,枝展直径为 1～1.5 米。

(2)整形技术　栽植后,从干高 50～60 厘米处定干(图 5-3)。从剪口下长出的新梢中,选留 3～4 个生长健壮、方向适宜的新梢作为主枝。对其余的枝条,可以缓放或进行摘心,以

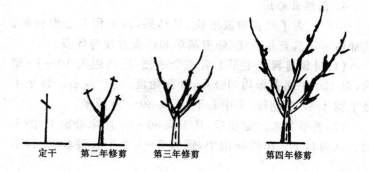

定干　　第二年修剪　　第三年修剪　　　第四年修剪

图 5-3　杯状形树形及其整形过程

保证选留的主枝茁壮生长。第一年冬季,主枝剪留 60 厘米左右,剪口芽选用外芽或侧芽。除选留的主枝外,对竞争枝一律疏剪,其余的枝条依空间的大小,进行适当的轻剪或不剪。翌年春天,在剪口下芽长出的新梢中,选出方向正的健壮枝条,作为主枝延长枝条来培养,对其余的枝条作适当的摘心处理,以培养结果枝组。在整个生长季节中,进行 2～3 次修剪,使其枝条长势均匀。竞争枝要及时疏除。生长中等的斜生枝要尽量地保留或轻剪,促其提早形成花芽。到冬季,主枝延长枝还是剪留 60 厘米左右。对其余的枝条,按空间的大小决定去留。除了长势很旺的竞争枝要疏去或重剪外,一般枝条都应尽量轻剪。第三年,按上述方法继续培养主枝延长枝,并在各主枝的外侧选留 1～2 个侧枝,以培养结果枝组。各主枝上的结果枝组要分布均匀,避免互相交错重叠。第四年,可完成树形培养。

此种树形的主要特点是,主枝上没有侧枝,直接培养结果枝组。另外,主枝的开张角度较小,结构紧凑,通风透光效果好,内膛枝没有枯死现象,树体丰产稳产性强。

4. 自然开心形

生产上为了使杏树成形快、早结果，而采用开心形树形。此种树形还具有品质优、修剪简单和作业方便等优点。

(1)树体结构 主干上有三个主枝，层内距为 10～15 厘米，以 120°平面夹角均匀分布，开张角度为 45°左右。每个主枝上留 1～2 个侧枝，无中心干，干高 30～50 厘米。

(2)整形技术 定植后，从干高 50～60 厘米处定干(图 5-4)。从剪口下长出的新梢中，选留 3～4 个生长健壮、方向适

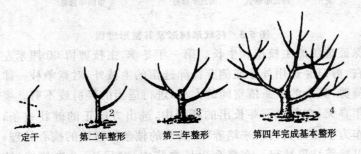

定干　　　第二年整形　　　第三年整形　　　第四年完成基本整形

图 5-4　开心形树形及其整形过程

宜的新梢作为主枝。其余生长旺的枝应拉平或疏去，生长中等的枝条应进行摘心，以增加枝叶量，保证所选留的主枝正常生长。

自然开心形的整形修剪方法如下：第一年冬季，主枝剪留 50 厘米左右，剪口芽留外芽，以开张角度。除选留的主枝外，对竞争枝一律疏剪，其余的枝条依空间的大小作适当的轻剪或不剪。第二年春季，在剪口下芽长出的新梢中，选出角度大、方向正的健壮枝条，作为主枝延长枝来培养，对其余的枝条作适当的控制，以保证主枝延长枝的生长优势。在整个生长季节中，宜进行 2～3 次修剪，使其枝条长势均匀。对竞争

枝要及时疏除,其余的枝应尽量保留或轻剪,使其提早形成花芽,保证前期产量。冬季,对主枝延长枝还是剪留 50 厘米左右,其余枝按空间大小决定去留。第三年,按上述方法继续培养主枝延长枝,并在各主枝的外侧选留第一侧枝。各主枝上的侧枝分布要均匀,避免相互交错重叠。侧枝的角度要比主枝的大,以保持主侧枝的从属关系。按此方法,每个主枝上选留 2~3 个侧枝。第四年即可完成树形。

5. 金太阳杏单篱架自由扇面形

针对金太阳杏枝条柔软,树势开张,实际栽培中整形困难,果实品质差,严重影响商品价值这个问题,对它采用单篱架自由扇面形整枝。该架式类似于葡萄无主干多主蔓自由扇面形整枝,可明显改善金太阳杏的通风透光条件,提高果实品质。采用该架式,还可适当密植,提高前期产量,从而增加经济效益,最终达到增产增收的目的。

(1) 架式结构　按南北行向栽立杆,每行树栽一行杆,杆间距 6~8 米。立杆高度为 4.2 米,其中栽入地下 0.7 米,地面以上高度为 3.5 米。

立杆上顺行向绑 3 道铁丝。第一道距地面 1.2 米,以上两道间距各 1.0 米。绑缚(或牵引)枝条时,若条子不够长,可先将竹竿斜向固定在横丝上;然后将条子固定于竹竿上。绑缚后,架面不留乱条。定植后第二年,枝条可基本布满架面。

(2) 树体管理　定植当年,留 60 厘米定干。定干后插竹竿扶干。主枝按南北(或斜南北)行向均匀排布,平均株高 3.0~3.5 米,其上均匀排布 20 个主枝,单轴延伸。当年冬季采取缓式修剪。第二年发芽后,立架拉丝,4 月底之前将枝条均匀绑缚在第二、第三道铁丝上。生长季节要加强管理。冬季修剪基本不进行。

6. 密植轮台白杏倒"人"字树形

(1) 树形结构 新疆轮台县在轮台白杏产业化发展过程中,大力推广乔砧密植杏园建设,定植株行距为 2 米×4 米或 1.5 米×4 米,主要采用倒"人"字树形。通过前期的管理,嫁接后一年即可挂果,第三年进入初果期,4~6 年就可进入盛果期,每 667 平方米产量达到 1 000 千克,而且采摘方便。

(2) 整形过程 当年嫁接(一般采用春季枝接法)成活后,在 5 月上旬,即新梢长到 20 厘米左右时,选择两个生长最旺盛、伸向行间的枝条,进行摘心,将其余的一律疏除。每 15 天摘心一次,共进行三次,以促使主枝不断发出侧生枝,为培养大型结果枝组打下基础。6 月下旬,新梢生长到 50 厘米左右时,对两个主枝进行拉枝,并开张角度至 80°~90°。角度过大,容易造成基部劈裂和结果盛期压断主枝的现象。对主枝延长枝上着生的竞争枝和背上枝,一律从基部疏除,小枝、弱枝可以保留。以后,每年在春季发芽前对主枝延长枝短截 1/3。对主枝延长枝的竞争枝和背上枝,继续从基部疏除;对位置适宜的强旺枝,采取夏剪、摘心和扭梢等措施,控制其生长,以便在主枝上逐步培养中、短枝为主的结果枝组。杏树采用倒"人"字树形,进入丰产期后,主要以侧枝上着生的中、短枝结果为主,尽量使开张角度大的枝条结果。随着树龄的增加,一般对主、侧枝进行短截,对萌发的徒长枝尽量疏除,保持内膛空旷,便于通风透光和营养的合理分配。培养侧枝时,要注意使侧枝以 30~40 厘米的间距,在主枝两侧排列。

(三)因树修剪

1. 幼龄树的修剪

幼龄杏树,是指从定植以后到大量结果之前时期的杏树。

这一时期的修剪任务,主要是配合整形,建立合理的树体骨架,科学利用辅养枝培养结果枝组,尽快形成大量的结果枝,为进入盛果期获得早期丰产做好准备。

对幼树的修剪,主要是短截主枝和侧枝的延长枝,促使其发生侧枝和继续延伸。由于杏的发枝能力比较弱,因此对幼树的主侧枝延长枝的短截应重些,以剪去新梢的 1/3～2/5 为宜。这样可以在剪口下抽出 2～3 个新枝。根据枝条的长短,灵活掌握剪截的程度,做到长枝多去,短枝少去。

对于有二次枝的延长枝的剪截,应视二次枝发生的部位而定。如二次枝着生部位较低,可在其前部短截,或选留一个方向好的二次枝作延长枝,并进行短截。对于二次枝部位很高的延长枝,则可在其后部短截,以免留得过长。

对于非骨干枝的处理,除及时剪去直立性竞争枝和密挤枝之外,其余的应尽量保留,给以适当的短截,促其分枝,形成结果枝或结果枝组。对于生在各级枝上的针状小枝,不宜短截,以利于其转化成果枝。

直立性较强的品种常发出粗壮的直立性枝条,长达 1 米以上。此类枝条上也可以形成花芽,但不易坐果。对这种枝条,可用拉枝的方法,使之角度开张,缓和其生长势,促使发生小枝,形成花芽,转变成结果枝,待结果后再进行回缩,把它培养成结果枝组。在肥水条件较好的杏园中,杏树年生长量较大,幼树上也常发生此类枝条。对幼树上发生的粗壮直立性枝条,除留作主枝延长枝外,可在其发生早期,用摘心的方法加以控制。当枝条长达 20～30 厘米时摘心,当年可形成结果枝组。

对于幼树上的结果枝一般应加以保留。杏树的长果枝坐果率不高,可进行短截,促其分枝,培养结果枝组。中短果枝是主要的结果部位,可隔年短截,以便既保证产量,又延长寿命,不致使结果部位外移。花束状果枝不动。

幼树的修剪量宜轻不宜重,以利于早期结果。但为了造成某种树形,又往往要去除较多的枝条。为了解决这个矛盾,可采用冬剪和夏剪相结合的方法,效果较好。为使幼树尽快扩大树冠,修剪宜轻不宜重。修剪幼树时,可适度短截主枝头,疏除竞争枝、密挤枝和轮生枝,让主枝头向外倾斜单头生长,并保持其生长势,对其余枝均缓放不短截。对生长角度和方向不合适的主枝,可采用拉枝的办法加以调整,不要轻易转头或以大改小,从而使幼树减缓树势,早日进入结果期。

2. 盛果期树的修剪

盛果期杏树主枝开张,树势缓和,中长果枝比例下降,短果枝、花束状果枝比例上升,产量大增。对盛果期杏树如不进行合理的修剪,其树冠内部的结果枝就会陆续枯死,引起结果部位的外移,还会由于负载量得不到调节而形成大小年结果现象,使树体早衰。该期杏树修剪的主要任务是:提高营养水平,保持树势健壮,调整生长与结果的关系,精细修剪结果枝组。

盛果期杏树的年生长量较幼树显著减少,新的结果部位很少增加。为使每年都有一定量的新枝发出,补充因内部果枝枯死而减少的结果面积,稳定产量,应对主侧枝的延长枝进行较重的短截。一般树冠外围的延长枝以剪去 $1/3 \sim 1/2$ 为宜。

盛果期杏树的特点,在于有大量的短果枝和花束状结果枝,很容易造成产量负载过重,导致大小年的发生。为了避免产量的大幅度波动,应适当地疏剪一部分花束状果枝,对其余各类果枝进行短截,去除一部分花芽,这样不仅可以减少当年的负载,也可以刺激生成一些小枝,为来年的产量打好基础,同时可防止内部果枝的干枯。一般中果枝剪去 1/3,短果枝短截 1/2。

在盛果期,可对杏树主侧枝上的中型枝和过长的大枝进行回缩,对手指粗的中型枝可以回缩到二年生部位。这样,可以有效地防止主侧枝基部的小枝枯死,避免结果部位外移。

结果枝组的更新,对于保证盛果期杏树取得高而稳定的产量有重要作用。而施行不同程度的回缩,是维持各类枝组生命力的有效措施。对于主轴上拇指粗细的枝组,可回缩到延长枝的基部,使之不再延长。枝组上的一年生枝也适当短截,以利其增生新的果枝。对于基部小枝已开始枯死的大型枝组,则可回缩到二年生部位上的一个分枝处。

盛果期的杏树,由于产量的重压,常使主枝变成水平或下垂,而由其背上抽生一些徒长枝。对于这类徒长枝应及时进行摘心或反复摘心,使之转变成结果枝组,增加结果部位。对于树冠外围的下垂枝,宜在一个向上生长的分枝处回缩,以抬高其角度。

对树冠内部的交叉枝和重叠枝,可依具体情况,或自基部去除,或回缩造成枝组,以不过于密集、妨碍透光为度。

盛果期杏树常有枯死枝、病虫枝和各种伤害枝,对这些枝均应及时疏除或剪截。

3. 衰老期树的修剪

杏树进入衰老期的明显征兆是,树冠外围枝条的年生长量显著减小,只有 3～5 厘米长,甚至更短。内部枯死枝不断增加,骨干枝中下部开始秃裸,结果部位外移,大小年结果现象严重。因此,对衰老树修剪的目的,在于更新复壮,恢复树势,延长经济寿命。

衰老树修剪的主要内容,是骨干枝的重回缩和利用徒长枝更新结果枝组。更新修剪的做法是,按原树体骨干枝的主从关系,先主枝,后侧枝,依次进行程度较重的回缩。主侧枝的回缩,应掌握"粗枝长留,细枝短留"的原则,一般可锯去原有枝长的 1/3～1/2。锯口要平,最好涂以铅油或黏泥,以保护伤口。

大枝回缩后,对于所发出的新枝,应及时选留方向好的作为新的骨干枝,而将其余的及时摘心,促使其发生二次枝,形成新的果枝。对背上生长势旺的更新枝,可进行较重的摘心,留 20 厘米长左右。待其发出二次枝后,选 1～2 个方向好的壮枝,在 30 厘米处进行二次摘心,当年可形成枝组并形成花芽。

对于衰老树树膛内发出的徒长枝,应充分加以利用。可仿照上述办法,进行连续的摘心,培养成结果枝组,填补空间,增加结果部位。衰老杏树更新修剪后,要及时进行摘心,使树冠早日恢复,并且在第二年有可观的产量。

对衰老杏树进行更新修剪,应当配合施肥和浇水,这样才可以收到良好的效果。在干旱山区,衰老杏树更新后如果不浇水,新芽则有可能被憋回去,不但收不到更新复壮的效果,反而会加速树体的衰亡。所以,宜在更新前的秋末,对衰老树施以基肥,并浇足封冻水。更新修剪后,要结合浇水,加施一些速效性肥料。

衰老树更新后发出的新枝生长快,不牢固,尤其是锯口附近由隐芽发出的枝梢,容易被大风摇折,故应仔细保护,最好的方法是绑枝杆,使枝条不随风摇摆。

有的杏树从不修剪,树势早衰,结果部位外移,内膛光秃,产量很低。对于此类树要进行改造,将过多的、交叉的与重叠的大枝和层间的直立枝,逐年去掉,加大层间距离,使阳光射入内膛,诱使内膛发枝,培养结果枝组。同时,要回缩衰老枝,短截发育枝,抬高下垂枝头;对高冠树要采取落头措施,减少层次,打开天窗,多进阳光。如此坚持二三年,就可将此类杏树改造成为丰产的树形。

(四)科学进行冬季修剪和夏季修剪

通过运用拉枝、拿枝、摘心、回缩和疏枝等技术措施,多促发中短果枝,促进花芽分化,减少败育花比例,最终达到"枝多而不密,树壮而不旺,通风又透光,枝组水平不直立,花芽饱满结果优"的最佳栽培效果。

1. 修剪时期

根据修剪时期的不同,杏树的修剪一般分为冬季修剪和夏季修剪。

(1)冬季修剪 又称为休眠期修剪。一般是指落叶后至第二年树体萌芽前或花前这段时间所进行的修剪工作。由于落叶前杏树的主干、叶片及枝梢中的养分,向树体骨干枝及根系中回流,因而树体贮藏养分充足。地上部分修剪后,树体枝芽量减少,能保证留下枝芽的营养供应,从而能促进树体新梢的生长。树体冬季修剪量越大,这种促进作用越显著。冬季修剪能剪除一部分花芽,从而起到调节树体产量的作用。此外,也能调节树体的结构,改进树体生长季节的光照条件和果实品质的作用。

(2)夏季修剪 又称为生长季修剪。一般是指在花后至秋季落叶前任何时期所进行的修剪。夏季修剪在幼树上应用,能迅速增加树体分枝级数,扩大树冠,达到提早成形的目的;而在成年树上应用,主要是为了调整树体生长状况,改良树体的通风透光条件,达到提高果实品质以及确保枝条和花芽的健壮发育的目的。由于人们对果品质量的要求越来越严格,因此,夏季修剪的应用,也越来越引起果树生产者的重视。进行夏季修剪,要去除大量的枝叶,减少光合作用器官,对树体生长产生很强的抑制作用。因此,一定要掌握好夏季修剪的程度。

2. 修剪方法

杏树上应用的主要修剪方法,有短截、疏枝、回缩、缓放、抹芽、摘心以及拉枝等。

(1)短　截　剪去杏树 1 年生枝条的一部分称为短截。剪除 1 年生枝条长度的 1/4 左右,称为轻短截;剪除 1/3～1/2 称为中短截;剪除 2/3 的称为重短截;枝条基部仅保留 2～3 个芽的短截称为极重短截。

短截后,缩短了枝的长度,减少了芽的数量,从而使养分和水分能够更集中地供应所保留的枝芽,并刺激剪口以下的芽萌发和抽出较多、较强的新梢。因此,对 1 年生枝进行短截,可以促进新梢生长势,增加长枝的比例,减少短枝的比例,加强局部营养生长,延缓花芽的形成。短截越重,这种作用越明显。短截在幼树期间要尽量少用。

为了整形的需要,对于骨干枝上过长的延长枝,可以进行轻、中短截,以利于发枝扩冠。对部分竞争枝、旺枝和过密枝,在适量疏枝的基础上,少量的也可应用重短截或极重短截的方法培养中、小结果枝组。对于枝干背上的直立枝,也可应用短截和夏剪措施,培养结果枝组。对于长势偏弱的成龄树,可适当采用中、短截方法,以减少花量,促进长势和花芽分化。

(2)疏　枝　将 1 年生枝或多年生枝从基部剪除,叫疏枝。疏枝可以使树体通风透光,增强光合效能,削弱顶端优势,保护内膛的短枝和结果枝;减少营养的无谓消耗,促进花芽形成,平衡枝势。疏枝,主要疏除过密的辅养枝、交叉枝、扰乱树形的大枝和徒长枝。一般在较旺枝上去强留弱,在弱枝上去弱留强。疏枝一般对全树或被疏除的枝起削弱生长势的作用。削弱的程度与疏枝的部位、疏枝的多少和疏枝造成的伤口大小有关。因此,疏枝时不可一次疏枝过多,要逐年分批进行。杏树的杏砧木疏枝后伤口流胶,对树势有削弱作用。因此,杏树疏枝不宜从主干基部疏除。疏枝时,可采用留短桩的办法,并注意在伤口涂保护剂。

(3)回　缩　对多年生枝进行短截,称为回缩,也叫缩剪。在控制辅养枝、培养结果枝组、多年生枝换头和老树更新时应用较多。进行回缩,缩短了枝轴,使留下的部分靠近主干,养分供应近便,从而降低顶端优势位置,对余下枝条的生长和开花有促进作用。回缩改变了先端延长枝的方向,调整枝条角度和方向,可以控制生长势和改善通风透光条件。回缩还可控制树冠大小。回缩对剪口枝的影响一般是促进。但剪口芽较弱,开张角度大,又剪去较多的枝条,形成较大的伤口,故对剪口枝又会有削弱的作用。

(4)缓　放　也称甩放。对1年生枝条不进行修剪,以缓和新梢的长势。缓放可以增加母枝的生长量,缓和新梢的生长势,减少长枝的数量,改变树体的枝类组成,促进短果枝特别是花束状果枝的形成,从而有利于花芽的形成。缓放是杏幼树和初结果杏树上采用的主要修剪方法。在幼树期间,对骨干枝上的两侧枝、背下枝、角度大的枝进行缓放,其效果非常明显。而对于直立枝、竞争枝和背上枝进行缓放,则易形成树上树,破坏从属关系,扰乱树形。因此,对这些枝一般应予以疏除。另外,对结果多的枝要缓缩配合使用;对树势较弱、结果多的树,则不宜缓放。

(5) 抹芽与疏梢 在杏树萌芽或抽枝后,要抹掉或疏除其生长位置不适当,以及轮生枝、竞争枝、疏枝剪口处不需要的嫩芽或新梢等,才能保证杏树健康正常地生长发育。这是因为杏树冬剪后,其剪锯口处往往接连萌生旺枝,形成年年去、年年发的现象,而采用夏季疏梢的方法,则可解决这个问题。

(6) 拉 枝 人为加大新梢和枝条的角度,是杏树修剪中常用的一种好方法。通过开张角度,改变枝条的角度和方向,控制顶端优势,改善树体的光照,培养大量的结果枝组。在幼树和初果期树应用最多。拉枝的最佳时间,在5月上中旬至6月上中旬。

(7) 摘 心 摘心是杏树夏季修剪时采用的主要方法。主要是将徒长枝、新发出的更新枝以及没有发展余地的长枝等,改造成结果枝组。摘心的适宜时期,是当枝条基部已半木质化时。操作时,用手掐断其先端部分。只要枝条未停止生长,均可使用摘心的方法终止其继续延长,并促使其发生分枝,有利于花芽的形成。对于生长势很强的枝条,可采用2~3次连续摘心的方法。杏幼树生长旺盛,萌芽力及成枝力较差,利用摘心的方法可以显著增加结果枝量,提高早期产量。

夏剪的修剪量较轻,对骨架结构的影响较小,常作为冬剪的补充。但由于夏剪对树体的伤害较小,而且枝叶已经长出,容易判别枝条的位置是否合适而决定其去留,因此,夏剪比冬剪容易掌握。又由于夏剪可以直接调节叶幕的大小和分布,使光照和通风条件更趋合理,对于当年果实的发育和花芽的分化,有明显的促进作用,故而越来越受到人们的重视。所以,在杏树修剪中应提倡和推广夏剪。

（五）特别树的整形修剪

特别树的整形修剪，是指诸如扁杏类仁用杏的主要整形修剪方法。

栽培扁杏，主要目的是取食杏仁，其经济产量主要取决于果实的数量。因此，对其进行整形修剪时，要充分考虑到树体的主枝数和结果枝数。扁杏的修剪与鲜食杏的修剪有一定的区别。近3年来，辽宁省果树研究所李杏研究室对生产上主要推广的扁杏品种——丰仁杏、超仁杏等品种，进行了整形修剪试验。试验结果发现，在所试的几种树形中，扁杏以五主枝杯状形和延迟开心形较好，而五主枝杯状形又好于延迟开心形。因为杯状形的树体较开张，通风透光效果好，花芽分化完全，质量好。在杯状形杏树中，五主枝杯状形树体的产量又高于四主枝杯状形树体的产量，说明丰仁杏的丰产性某种程度上依赖于直接着生结果的主枝数。

在试验过程中还发现，初果期丰仁杏树的主要结果枝为超长果枝和短果枝，结果部位以壮枝、直立枝为主；平斜枝和细弱枝上很少有果。这与其他杏树有所区别。80D05杏的平斜枝和下垂枝也照常结果。所以，修剪时要根据品种特性的不同，而采用不同的修剪方法。针对丰仁杏等品种应采取去弱留强，去平斜留直立，少短截，多轻剪缓放的措施，使主枝与中心干的夹角小于40°，这样才能达到早期丰产的目的。2001年7月，辽宁省果树研究所李杏研究室在国家李杏资源圃，对4年生丰仁杏产量进行调查。结果发现，按照这种方法修剪的丰仁杏树，最高株产杏仁0.84千克，而对照树株产杏仁0.65千克。

夏季修剪，主要是剪除病虫枝，控制竞争枝，抹除背上萌发的过密枝，以及调整分枝角度。夏季修剪需要注意的是，修剪量不能过大。修剪量大，树体营养损失大，易使树体早衰。剪锯口不能过大；大的剪锯口易造成流胶病加重。拉枝应在6月份以后进行，拉后既可使角度固定，又可防止冒条。多年生枝可在4～5月份进行。

第六章　花果管理

近几年来,种植业调整和大宗果品过多,使得被看作为小杂果的杏果售价提高,需求量增大。但是,杏的栽培管理却明显跟不上,在它的花果管理上更是缺少相应的配套技术。通过对杏树生产的调查发现,不少地区果农在杏树花果管理中存在很多误区,需要认真解决。这样,才能把杏栽培的效益提高到一个新水平。

一、认识误区和存在问题

1. 认为杏树花量大,不用采取任何保花保果措施

杏的花芽为纯花芽,每芽开一朵花(紫杏和李梅杏除外)。着生花芽的枝条为结果枝,依结果枝长度分为长果枝、中果枝、短果枝和花束状结果枝(图 6-1)。由于枝条上复花芽较多,所以,每年开花较多。虽然杏树各类枝条上均有花,但只有在短果枝和花束状果枝上结实力才比较强。因此,不采取科学措施,结实率会受到很大影响。

按照杏花发育情况可分为四种类型(图 6-2):①雌蕊高于雄蕊;②雌蕊雄蕊等长;③雌蕊短于雄蕊;④雌蕊发育不全或退化;前两种为完全花,可以正常授粉、受精和发育果实;后两种为不完全花。第三种花能少量坐果;最后一种花不能授粉、受精和结果。雌蕊败育花的多少与品种、果实体积、成熟期、花芽在结果枝上着生的部位、树体生长的立地条件和营养状况有关。大果型的鲜食品种败育花占总花量的

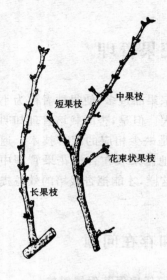

短果枝

中果枝

花束状果枝

长果枝

图 6-1 杏的果枝类型

30％,影响坐果率及产量。因此减少败育花是提高产量的重要途径之一。例如,山杏在干旱、瘠薄的山坡上败育花高达64.34％,而在肥水条件较好的果园败育率为28.92％。

杏树许多品种落花落果严重。据调查,杏树落花落果有三次高峰。第一次在谢花之后,落花率达95％。这主要是因为花器发育不完全,失去受精能力或未受精,而造成的落花高峰。第二次在幼果形成期,即盛花后22～25天,落果率达51.4％。这是由于授粉受精不良而造成的落果高峰。其授粉受精不良的原因,主要是授粉树不足,缺传粉昆虫,花期低温、干旱,花粉管不能正常伸长等;第三次在硬核前,落果率在18％以上,主要是因为营养供应不足或硬核期干旱,胚发育中途死亡而造成的落果。

2. 只加强果期管理,不注重花芽分化期的管理

杏的花芽较小,由副芽形成,着生在叶芽的一侧或两侧。在叶腋间与叶芽并生的复花芽坐果率较高。部分花芽为单芽,着生在短一次枝或副梢的顶部,开花后坐果率较低。

形成花芽是开花的前提,是结果的基础。花芽的饱满程度和质量优劣,对果树的丰产性具有重大的意义。但是,在生产实践中,栽培者往往忽视了花芽分化期生产管理,导致杏花芽分化过程中部分花器发育不完全,像雌蕊退化,枯萎,或花

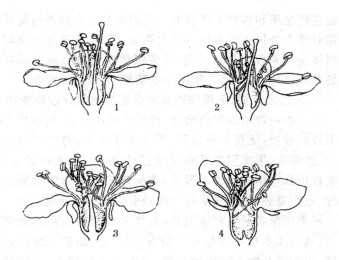

图 6-2　杏的 4 种花类型

1. 雌蕊高于雄蕊　2. 雌蕊雄蕊等长　3. 雌蕊短于雄蕊　4. 退化花

柱短小、发黑、发褐。这些花均不能授粉、受精,不能像正常花一样结实。

　　生产上栽培的杏树大多采用无性繁殖。这就要求杏树在完成从营养生长向生殖生长的转化时,必须有充足的营养的积累,保证形成数量充足和质量优良的花芽。只有这样,才能保证丰产、优质、稳产。

　　生产实践表明,各类结果枝中以花束状果枝和短果枝雌蕊败育花的比例较小,中果枝其次,长果枝较多,这与枝条的停止生长有关。一般生长停止早,花芽分化早,有利于发育成完全花。生长停止迟,花芽分化迟,分化进行滞缓,雌蕊败育花的比例就高。出现败育高的原因,与树体的立地条件和营养状况有直接关系。管理不到位,分化不好,没有完全花,就无法进行坐果和达到丰产目的。人们没有意识到杏树花芽分化期对整个杏树生长发育的重大意义,因此,在花芽分化期不对树体进行充分的栽培管理,导致树体在关键阶段得不到较好的营养供应,造成第二年花芽质量差,直接影响产量。

3. 只注重产量,不重视提高果品质量与搞好市场营销

随着杏树栽培面积的增加,杏果产量在增长,但在果实质量上提高较慢,优质果率较低,果实大小不均,着色不匀或暗淡,光洁度差,果实附带某些病虫害,风味欠佳,不耐贮运等,影响售价和市场竞争力。因此,杏树栽培仍未摆脱重栽培轻管理、重产量轻质量、重采前管理轻采后管理的局面。

鲜果质量差的主要原因是,有些品种因栽植在不适宜地区,使其果实不具有该品种所特有的风味;即使栽植在适宜地区,也由于长期大量施用氮肥,或由于干旱缺水,而使其果实风味淡化。在防治病虫害方面,以农药为主,经常由于农药使用剂量、时间、次数不当,防治病虫害效果差,不仅果实外观质量差,造成人力物力浪费,还使果实农药残留超标。有的果农为了提早上市,提前采摘,使果味下降。据测定,即将成熟的果实每天可增长果实本身体积的 $1\%\sim1.5\%$。如果早摘 10 天,可减产 $10\%\sim15\%$。此外,采收过早,未成熟的果实内单宁、原果胶含量多,含糖少,果实有涩味,硬度大,果实的风味、品质不好。采收过晚,果实呼吸作用加强,果实变软,也影响果实的品质和贮运。

忽视果实的采后处理,也是妨碍杏果档次提高的原因。因此,要加强采后处理,如分级、清洗、浸钙、上蜡、上光等。要依据不同消费群体设计多种包装,使产品多样化,增加商品的附加值。要严格商品化管理,优质果品要统一标准、统一价格、统一包装、统一商标,以适应国内外市场的需要。以质量求生存,以批量占领市场,没有规模就没有市场。这是多年来国内外果品生产的宝贵经验,生产者应认真吸取,并切实地加强果实采收后的处理工作。

4. 辅助授粉方法少

人工辅助授粉可以弥补由于授粉环境不良造成的坐果率低,进行辅助授粉杏树的坐果率比自然授粉的提高 3～4 倍。除了选择地势较高处建园,选择抗性强、丰产优质品种,加强土肥水管理,提高抗性外,还要进行人工辅助授粉。人工辅助授粉,是防止落花落果,提高坐果率的最有效措施。在生产中,进行辅助授粉的方法不当,或是操作情况欠佳,使杏花授粉率低,受精质量差,对于杏果的产量和质量带来不利的影响。

5. 不重视疏花,不科学疏果

在花果管理中,人们对疏果工作非常重视,但不重视疏花。不少果农普遍存在着惜花现象,其主要原因是害怕坐不住果实。因此,只是在落花坐果实并且开始膨大后,才放心去疏果。有的即使对大年树也舍不得疏掉一朵花。这样造成结果过多,不仅果个小,品质差,降低了果实商品价值,而且因挂果太多,大量的光合产物消耗在花、果上,使花芽发育不良,增加了大小年的相差幅度。

有的生产者虽然重视疏果,但是,在具体实施过程中,往往疏果不到位,造成不必要的营养消耗。受生理落果的影响,许多果农疏果较晚。有些果农从谢花后 20 天才开始疏果,落花后一个月还未结束,因而浪费了树体有限的贮存营养。疏果时,仅疏除病虫果及畸形果,而对过多的果实却舍不得动手。

疏果是为了保证负载合理。负载不合理,就是指树体结果量不合理,或果多,或果少。这也是经常出现的问题。结果太少造成的损失是显而易见的,即产量下降,效益减少。而结果太多带来的损失,可能会更深远一些。对于当年的总产量来说,可能不会有什么变化,甚至还会增加。但是,果实的品质将受到影响,果个变小,可溶性固形物含量下降,含糖量降低,风味变差,从而是降低果实售价,减少经济效益。从长远来看,结果太多,会造成当年树体消耗营养太多,影响树体的营养积累,可能导致翌年产量过少,甚至没有产量(即大小年现象)。因此,合理负载是提高果品质量,增加经济效益的一项有效的技术措施。

6. 不注重授粉树科学选择

有些果农认为,配置授粉树就是把两个或三个杏品种同主栽品种栽培在一个园内,就能达到丰产的目的。而实际上,配置授粉树要选择花期一致、亲和力强、花粉量大、花粉发育率高、亲缘关系较远和适宜当地的栽培条件的品种。目前生产上的杏主栽品种大多数是普通杏,自花不实或结实率很低,同时在某些品种间还存在有杂交不亲和现象,主要原因是花粉不亲和。杏树自然异花授粉可提高结实率。在品种间的花期早晚有很大差别,一般早熟品种开花稍早,花期较短;晚熟品种开花稍晚,花期较长。有的杏园选择的授粉树与主栽品种花期不遇,或早或晚。

栽培授粉树的数量也不科学,零星地栽培几棵,栽植密度也不适当。还有的果农认为,授粉树就是授粉,结不结果无所谓。授粉品种是相对栽植品种而言,一般情况下,把栽植数量较多的一个或多个品种称为主栽品种,而相对较少的一个或多个品种称为授粉品种。它们都是构成果园产量和产值的主要部分。它们应具备互为授粉的条件,如花期一致,亲和力强,花粉量大,花粉发育率高等;同时果实综合品种都较好,商品价值都高。

7. 花期防霜、幼果期防冻意识不强

杏原产于北方地区,休眠期间能抵抗－30℃～－40℃的低温。早春花芽萌动,其花器抵抗能力下降,如遇－2℃～－3℃的低温,已开放的花会发生冻害,受冻花的雌蕊败育率较高。完全花由于胚珠原基形成较早,而胚被对低温抵抗力远低于其他花器,所以也常受伤害。杏完成休眠较早,开始生长也较早,气温达到 10.3℃时,就开始开花,这个期间经常发生晚霜危害。幼果期也仅能抗－0.5℃～－0.6℃的低温。因此,必须做好杏树春季防霜、防冻工作,以确保杏果的安全健康生长。

另外,早春易受晚霜危害地区,不注重科学选择杏树晚花品种资源。任何新品种均有它生长发育最佳(适宜)的环境条件,如温度、湿度、降水量、海拔和土壤类型等。适地适栽是指这个区域适合栽什么品种的杏树,就应栽什么品种的杏树,才能以最小的投资,获取最大的效益。由于当前杏树新品种市场良莠不齐,有些售苗和育苗单位或个人,为了短期利益,向果农推销一些并不成熟的杏树"新品种",不少"新品种"没有培育成熟或没有通过鉴定就开始向果农推广,这必然带来不良的后果。所以,广大果农切莫盲目引进。

二、提高花果管理效益的方法

(一)提高坐果率

提高坐果率,是保证杏果高产优质的前提。生产中为了提高杏树的坐果率,可采取以下的办法:

1. 推迟花期避免晚霜危害

要想提高坐果率,首先要避免花期霜冻。避免花期霜冻,可采取以下措施:

(1)灌 水 在土壤结冻前,对杏园灌足封冻水,这样不仅有利于根部的发育,而且能显著提高第二年花芽的抗寒力。杏园在土壤刚刚解冻时,灌水 2~3 次,灌水时间最迟不能晚于花前 10~12 天,可推迟花期 7 天左右。花前灌水,有利于杏树缓温防霜的作用,同时又有利于新梢生长和坐果率的提高。降霜前利用人工向果树体上喷水,水遇冷凝结可放出潜热,并可增加湿度,减轻冻害。

(2)防护林带防霜 防护林带对杏园有重要的保护作用。防护林可以阻挡气流,减少霜害,改善杏园的小气候。林带可采用乔木、灌木混栽的方式,选用当地适宜的树种。防护林带的方向要与主风方向垂直。在丘陵地区,防护林可栽在沟谷两旁或分水岭上。一般主林带乔木按 1.5~2.0 米株距,栽 3~5 行,行距为 2.0~2.5 米,两侧各栽灌木 2 行,灌木株距为 0.5~1.0 米。

(3)树盘覆盖 在 2 月中旬,可以在杏园树盘内铺一层 20 厘米厚的麦秸,或杂草、玉米秸等,并用水浸湿,然后在其上撒一层薄土,可推迟地温上升,延迟杏花期 4~5 天。

(4)药剂防霜 一是进行树干涂白。在早春,用白涂剂涂抹杏树树干和大枝,既可推迟杏的开花,又可杀灭害虫。二是花芽膨大期喷 500~2 000 毫克/升青鲜素(MH)液,可推迟花期 4~6 天。三是在秋季喷 100~200 毫克/升乙烯利,可使芽内花原基发育推迟,使第二年开花晚 5~8 天。四是在早春喷多效植物防冻剂 60~80 倍液,或叶面增温剂和磷酯钠 60 倍液等,可延缓花期 3~4 天,有效地防御杏花和幼果的冻害。

(5)熏烟防霜 根据当地气象预报,在果园花期夜晚温度降到-1.5℃、果期夜晚温度降到1℃和无风的情况下,可在果园内熏烟。烟堆多以秸秆、落叶和杂草堆成,也可用硝铵3份、柴油1份、锯末6份的重量比,配成烟雾剂。当预报有霜冻时,可点燃生烟,提高气温。

2. 人工辅助授粉

最适宜的授粉时间在主栽品种的盛花初期,争取在2~3天内将全园的花授完。选择温暖的天气进行,不要对全树普遍授粉。授粉应以预定坐果位置的花为主,并比预定量多授20%~30%的花朵即可。因向上长的花易受霜害,不易坐住果,故应选择向两侧或向下的花朵授粉。每株授粉花数的多少,可根据树的花量和将来的留果量结合起来确定。

采集花粉要从亲和力强的、花期略早的品种树上采。当授粉品种的花处于初花期时,采粉时间以主栽品种开花前1~3天,而授粉品种已进入初花期为最好。不同的品种可以混采。花粉可用于当年授粉,置于2℃~8℃和相对湿度50%的干燥黑暗条件下贮藏,也可装在密封塑料袋内置于冰箱冷冻室贮藏,可贮存1~2年。

3. 花期放蜂

花期释放蜜蜂和角额壁蜂传粉,可使杏树提高坐果率20%左右,增产效果明显。

(1)角额壁蜂传粉 角额壁蜂活动要求气温在10℃以上。壁蜂在开花前5~10天释放,每公顷果园放蜂450~600头,蜂箱离地面45厘米左右,箱口朝南或东南。箱前50厘米处挖一小沟或坑,贮备少量水在其内,作为壁蜂的采土场。一般在放蜂后5天左右为出蜂高峰,此时正值始花期,壁蜂出巢活动访花时间,也正是授粉的最佳时刻。

（2）**蜜蜂传粉** 杏花初放时,将蜜蜂放入果园。一般每公顷放蜂 2.5 箱(有蜂 4 250～5 000 头),蜂群之间相距 100～150 米。蜜蜂出巢活动的气温要求比壁蜂的高。

花期放蜂传粉的杏园,要注意不能打农药,以防止伤害传粉的蜂群。

4. 喷施激素和营养元素

花期适时喷施具有保花保果作用的外源激素或营养元素,可充分补充树体内源激素的不足,激活树体内酶的活性,从而提高树体的坐果能力。硼砂具有增强花粉活力,促进花粉管的生长及受精的作用。赤霉素具有促进授粉受精和子房膨大的作用。稀土具有促进花粉萌发,提高坐果率的作用。磷、钾肥可促进蛋白质的合成,改善树体营养,减少生理落果,提高坐果率。在干燥的年份,花期喷水,也能增产。

5. 早期疏花疏果

（1）**疏 花** 一般在蕾期和花期进行。进行时,选疏结果枝基部的花,留中上部的花,将预备枝上的花全疏掉。对花量极大和坐果率高的品种,可采取蕾期人工疏花,以花定果,使所留花数和应留果量基本相等。就整株杏树来说,树冠中部和下部要少疏多留,外围和上层要多疏少留;辅养枝、强枝多留,骨干枝、弱枝少留。具体到一个结果枝上,要疏两头留中间,疏受冻受损花,留发育正常的花;花束状果枝上的花要留中间的花,疏外围的花。易受晚霜危害的地区不宜采用人工疏花。

（2）**疏 果** 通常在第二次落果开始后、坐果相对稳定时进行,最迟在硬核开始时完成。果实较小,成熟期早,生理落果少的品种,可在花后 25～30 天(第二次落果结束)一次完成疏果任务。对于丰产的品种,第一次疏果在果实像黄豆粒大小时(花后 22～28 天)进行;第二次疏果在花后 40～45 天期间完成。生理落果严重的品种,如骆驼黄杏,应该在确认已经坐住果以后再进行疏果。

①疏果标准　对杏树疏果时,应根据历年的产量与当年的长势、坐果等情况,确定当年的结果量,然后根据品种、树势、修剪量的大小、栽培管理水平和果实的大小,确定单株的产量。对于小果型品种,每个短果枝留 1～2 个果,果间距 7 厘米;对于中果型品种,每个短果枝留一个果,果间距 10 厘米;对于大果型品种,每个短果枝留一个果,果间距 13 厘米。

②疏果方法　疏果时,应保留具有品种特征的、发育正常的果实,除疏去虫果、伤果、畸形果和果面不干净的果。同时,要疏除向上着生的果,保留侧生和向下着生的幼果。疏果时,应按枝由上而下、由内向外的顺序进行。

③合理负载　杏树合理的负载量,应根据单位面积产量和果实品质指标分析确定。如 5～6 年生骆驼黄杏,适宜的负载量应掌握在 350～750 个果/株为好,即每 667 平方米产量应控制在 1 000～1 500 千克之间为宜。

(二)保证花芽分化期的营养供应

杏树比较容易形成花芽。其花芽分化期共分 6 个小时期。花蕾分化期,最早出现在 6 月下旬,7 月上旬达高峰期。这个时期正是果实生长旺季,在比较干旱的地区,要加强果园灌溉,同时进行叶面喷肥,提高花芽分化质量。花萼分化期在 7 月下旬至 9 月下旬,8 月中旬为高峰期。花瓣分化期限在 8 月上中旬开始,可延续到 9 月中旬。进入花瓣分化期后,其分化进程加速。雄蕊分化期在 8 月下旬到 9 月中旬。雌蕊分化期最早在 8 月下旬,可延续到 10 月上旬。组织分化期在 9 月下旬到 12 月。根据以上的分化时期,针对早、中、晚熟品种的生长发育特性,在杏果采收后,要及时增施有机肥,加强土肥水管理,才能保证来年丰产。

应用生长调节剂,可调节杏树营养生长与生殖生长的关系,控制树冠大小,促进侧枝萌发,开张角度,控制生长,促进花芽分化,提高果品质量及耐贮性,增强树体抗逆性等。盛花期以后半个月,进行环剥可缓和树势,增加花芽量。

对杏园进行中耕锄草,不仅可以疏松土壤,清除杂草,减少土壤水分蒸发,而且可以减少病虫孳生的场所,减轻杏树的病虫害。特别是在夏、秋季对杏园进行中耕锄草时,正值杏树花芽分化期,中耕松土可有效地抑制营养生长,促进花芽形成,为次年获得丰收创造条件。

果园覆草能够增加根系分布层土壤含水量,同时增加土壤中有机质含量,改善土壤理化性状和结构,促进根系生长,促进花芽分化质量,提高坐果率。

合理的夏剪,可以控制杏树生长,减少营养消耗,促进花芽分化,对提高杏产量起着重要的作用。进行夏剪,主要是疏除新梢中的徒长枝、竞争枝及背上枝,短截主侧枝和中心干的延长枝。疏除过多、过密的枝条,可改善通风透光条件。在6月下旬开始摘心,可刺激萌发二次枝,增加枝芽级次和数量。夏剪应在6~8月份分多次进行。

(三)重视提高果品质量

果品的质量由外观质量和内在品质两大方面构成。对外观质量的要求是,具有品种固有的特征;对内在品质的要求是,具有品种特有的风味,酸甜可口,香气浓郁,肉质细脆等。

1. 适地适栽

果实品质要提高,首先要适地适栽,保证其正常生长。这样,才能让品种固有的品质表现出来。在同一产区,对同一品种的杏树采用不同的栽培技术,加上不同的采后处理技术,就会生产出不同质量的杏果品。栽培技术越高,杏果品的质量也就越高。采后处理,包括贮藏保鲜,销售前的清洗、挑选、分级、贴标和包装等。这些技术能否配套推广,是提高杏果品质量的重要因素。

2. 适时采收

在正常气候条件下,不同杏品种在同一地区,其果实都有比较稳定的生长发育时间,由盛花期到成熟期所需时间也比较固定。如,早熟杏品种在盛花后 61～70 天成熟,中熟杏品种在盛花后 71～80 天成熟,晚熟杏品种在盛花后 81～90 天成熟,极晚熟杏品种在盛花后 90 天以上成熟。杏果的成熟期,可分为采收成熟期和食用成熟期。采收成熟期是指杏果体积不再增大,果柄基部已形成离层,稍加旋扭和抬高,果实即可脱落;而食用成熟期,是指果实最好吃的时期。为了有利于长途外运和货架贮存,杏果往往需要按采收成熟期采收。

3. 防止裂果

杏在南方地区栽培时,由于其果实成熟期的 5～6 月份雨水较多,极容易引起裂果。为了防止裂果,在选址建园时,要注意选择不易发生裂果的品种,同时应加强排水设施的建设,确保有效及时地排水,从而减少裂果,提高果品的质量。

(四)配置相适应的授粉树

当前杏园坐果率低的原因之一,是授粉树配置不当。为了改变这种状况,对品种单一的杏园,要做好高接授粉树的工作。高接授粉树宜在春季进行,以腹接或劈接效果最好。要选择与主栽品种有良好杂交亲和性、花期一致、花粉量大的品种,作为授粉品种。采用行间配置的,主栽品种与授粉品种的株数比例为 3～4：1,即主栽品种每栽 3～4 行,栽授粉品种一行。小面积杏园宜选择 1～2 个品种作主栽品种,大面积杏园可选择 4～5 个互为授粉树的主栽品种。例如,串枝红杏可用骆驼黄杏、红玉杏和杨继元杏作授粉树,仰韶黄杏可用银香白杏作授粉树,银香白杏可用黄干核杏和麦黄杏作授粉树等。

授粉树的产量和经济效益,是果园收益的重要组成部分之一,在栽培管理上要同主栽品种一样管理。根据不同品种采用不同的树型,只有采用配套的栽培管理,授粉树才能保持败育低、花粉量大和果实丰产优质的最佳状态。

(五)杏园采后管理

杏树采果后,离秋季落叶还有很长一段生长期。这正是营养积累和花芽分化的关键时期。采后管理工作的好坏,将直接影响杏树越冬及来年的结果。因此,采后管理不能放松。

1. 适时施肥灌水

采果后,结合果园中耕除草,进行施肥。对结果多、树体养分消耗大的树,要早施、重施有机肥,补充钾肥和磷肥。另外,要结合喷药,进行叶面喷施。这样,可提高树体贮备营养的水平,保持杏树采收后树势健壮,促进花芽分化,以保证来年的产量。对于不同成熟期、不同花芽分化期的杏品种,要进行不同时间的施肥,早熟杏品种要提前施肥,以保证来年花芽饱满,并使树体有正常的营养积累。

2. 防治病虫害

对采收后的杏树,应根据病虫的危害情况,适时喷药防治,以保护好叶片,增加树体营养的积累。并对杏园落果、病果进行早期清理,防止病菌繁殖。但切忌将其埋入杏树下。

第七章　病虫害防治

一、认识误区和存在问题

病虫害防治的关键是掌握最佳的防治时间和使用对症的药剂。杏树生产在病虫害防治方面存在的主要问题,是病、虫防治时期掌握不准和药剂选择不恰当,以及剂量不合适。重治轻防,导致许多病害往往是在发现明显的症状后,才开始急于施用有效的治疗性药剂,此时用药效果已不明显。不进行病虫害预测预报,不按防治指标用药。农药的浓度增加及大量使用,使病虫害普遍产生抗药性,同时使果园有益生物在减少,大量杀伤天敌。

预防病害应根据每年的发病规律,提前选择防治效果较好的药剂,在合理的时间进行喷药,可阻止或减轻病害的发生程度。虫害防治以治为主,发现有害虫出现,在一定的虫口数量范围内和最佳防治时期进行喷药,可有效地消除或减轻害虫的危害。例如,介壳虫的防治最佳时期,应选择在介壳变硬之前,此时的虫体抗药性最差,药剂的杀伤力最大。

二、提高病虫害防治效益的方法

(一)根据病虫种类、所在地区、所处季节的不同进行防治

杏树是抗病虫危害能力较强的树种。但是,如果管理不

善,树势衰弱,也常会遭到病虫的侵害。常见的杏树病害有杏疗病、细菌性穿孔病、流胶病、疮痂病和褐腐病等。常见的虫害有杏球坚蚧、红颈天牛、桃蚜、东方金龟子、天幕毛虫和杏仁蜂等。这些病虫害常常混合发生,妨碍杏树生长,严重时可造成树体死亡和绝收,所以,病虫害的防治是杏树生产的重要环节。

我国地域广阔,各地区间温度差异较大,其病虫害的发生规律也有所差异。另外,即使在同一地区,不同病、虫的发生规律也各不相同。所以,对症下药是防治病、虫危害的关键。

(二)搞好预测预报

进行害虫发生的预测预报,就是要侦察害虫的发生动态,把侦察所获得的材料,与当时当地的气候条件、天敌情况和作物生长发育状况,联系起来加以分析,判断害虫未来的动态趋势,将结果及时发布出去,使有关生产单位和果农知道,以便做好防治准备。

发生期的预测在害虫防治上十分重要。因为有些害虫的防治时间是否抓得准,是控制其危害程度的关键性问题。例如杏球坚蚧,使用药剂防治必须在壳体尚未硬化时,喷内吸性强的杀虫剂,才能收到良好的效果。否则,当壳体变硬时再喷药,则药液无法进入体内,收不到杀虫的效果。

生产中常用的预测方法是诱集法,即利用昆虫的趋光性和趋化性,以及取食、潜藏与产卵等习性进行诱集。如设置黑光灯、性引诱剂和糖醋液诱蛾等。

(三)选用无公害农药,适量施用农药

农药安全使用标准和农药合理使用准则,应参照国家标

准 GB 4285 和 GB/T 8321 文件有关部分执行。生产无公害果品,提倡使用抗生素类农药,如农抗 120、多氧霉素(宝丽安)、阿维菌素(齐螨素、虫螨光)、B·t(苏云金杆菌)乳剂等;植物源农药,如烟碱、绿保威(疏果净)、辣椒水、菌迪和除虫菊等;昆虫生长调节剂,如灭幼脲 3 号、卡死克、抗蚜威和扑虱蚜等;矿物源农药,如石硫合剂、柴油乳剂和索利把尔等。禁止使用高毒高残留农药,如福美砷、久效磷和三氯杀螨醇等。

(四)实行生物防治、农业防治和物理防治

为了能有效控制病虫害,改善果品质量,提高经济效益和保护环境,必须贯彻"预防为主,综合防治"的植保方针。强调采用以栽培管理为基础的农业防治,提倡进行生物防治,注意保护天敌,充分发挥天敌的自然控制作用。推广生态防治和物理防治,生产符合国家规定的无公害标准的果品。

1. 农业防治法

利用农业栽培管理技术措施,有目的地改变某些环境因子,使之不利于害虫的发生发展,而有利于果树的生长发育,或是直接消灭及减少虫源,达到防治害虫、保护果树的目的。

目前,常采用的农业防治措施,主要有选育抗虫品种、合理配置树种及栽植密度、冬耕灭虫、加强果园管理和合理施肥与灌溉等。

2. 生物防治法

利用某些生物或生物的代谢产物防治害虫的方法,称为生物防治法。

利用生物防治害虫,根据其特性不同,可分为以虫治虫、以菌治虫、昆虫激素的应用、遗传不育及其他有益动物的利用

等五个方面。其中以虫治虫是简单易行、廉价的防治害虫的方法,可以减少农药的使用次数。据报道,一头草蜻蛉和瓢虫一天可取食 30 余头叶螨,或蚜虫、介壳虫。当天敌与害虫之比小于 1：30 时,害虫完全可以靠天敌来防治。

3. 物理防治法

利用各种物理因素,包括光、热、电、温湿度和放射能等,来防治害虫的方法。目前,常用的方法有红外线辐射、射线不育、高温或低温不育和闪光不育等。

三、杏树主要病害的防治

（一）杏疗病

杏疗病,又叫红肿病。普遍发生于杏产区。

【症　状】　杏疗病主要危害新梢和叶片,有时也危害花和果实。病菌以菌丝体在芽内越冬,第二年杏树抽生新梢后,才表现出症状。

①**新梢患病状**　被害新梢生长缓慢,节间缩短,幼叶簇生,严重时干枯死亡。

②**叶片患病状**　杏树感染此病后,被害叶初期为暗红色,明显增厚,呈肿胀状。而后逐渐变成黄绿色,与正常叶片有明显区别。后期叶片变成黑褐色,干缩在枝条上,经冬不落。

③**花朵患病状**　花朵被侵染后,花萼肥厚,开花受阻。花瓣和花萼不易脱落。

④**果实患病状**　幼果受害后,生长停滞,干缩脱落。

【发病规律】　杏疗病的病菌以菌丝体在芽内越冬。第二年带有病菌的杏树开花萌芽后,即出现被害症状。主要危害幼嫩叶片,多集中发生于春季。新梢长到 10～20 厘米时,症状最明显,以后则很少发生。

【防治方法】

①清理杏园　于落叶后至萌芽前,剪除杏树病枝,清除病叶,予以集中销毁或深埋。

②药剂防治　在落叶后至萌芽前,对树体喷布 5 波美度石硫合剂。

③销毁病枝　在生长季内及时剪除病枝,予以集中销毁或深埋。此项措施必须在雨季前进行完毕。连续进行 3～5 年,即可消灭此病。

(二)细菌性穿孔病

细菌性穿孔病分布范围较广,如防治不及时,常造成杏树大量落叶和落果,削弱树势,影响产量,甚至导致树梢枯死。

【症　状】　该病可危害杏树的叶片、枝条和果实。

①叶片患病状　发病初期,先产生多角形水渍状斑点,以后扩大为圆形或不规则形褐色病斑。病斑边缘水渍状。后期水渍状边缘消失,病斑干枯、脱落或部分与病叶相连,形成直径为 0.5～5 毫米的穿孔。病叶极易早期脱落。

②果实患病状　果皮上先产生水渍状小点,扩展到直径为 2 毫米时,病斑中心变为褐色,最终可形成近圆形、暗紫色、边缘具水渍状的晕、中间稍凹陷、表面硬化的粗糙病斑。空气干燥时,病部常发生裂纹,直径可达 30 毫米。病果易提早脱落。

③枝条患病状　枝条受害后,有夏季溃疡和春季溃疡两种病斑。春季溃疡发生在上一年抽生的枝条上。春季展叶时,先出现小肿瘤,后膨大破裂,皮层翘起,木质部裸露,成为

近梭形病斑。病部的木质部坏死,深达髓部。春季病斑纵裂后,病菌溢出,开始传播。夏季溃疡发生在当年抽生的嫩梢上。先产生水渍状小点,扩大后变成不规则褐色病斑,后期病斑膨大裂开,形成溃疡症状。

【发病规律】 细菌性穿孔病是由甘蓝黑腐黄单胞杆菌桃李致病变种所致。病菌在枝条病组织内越冬,翌年春随气温升高,潜伏在病组织内的细菌开始活动。当病部表皮破裂后,病菌从病组织中溢出,借风雨或昆虫传播经叶片的气孔、枝条及果实的皮孔侵入。叶片一般于5月份发病。夏季干旱时,病势进展缓慢,至秋雨季节又发生后期侵染。细菌性穿孔病的发生发展,受温湿度、树势、品种的影响很大。

【防治方法】

①加强果园管理 结合冬剪,彻底清除病枝、落叶和落果,予以集中烧掉,减少越冬菌源。加强土、肥、水管理,增施有机肥料,不偏施氮肥,注意改良土壤和排水。改变修剪时期,也能减少病害的发生。冬季修剪应尽量晚剪,生长季修剪应尽量减少短截次数。建立新杏园时,应选用无病毒苗木和抗病品种。

②药剂防治 早春发芽前,喷一次4~5波美度石硫合剂。展叶后和发病前,可交替喷施3%克菌康(中生菌素)可湿性粉剂或72%硫酸链霉素可湿性粉剂3 000倍液,每15天喷一次,共喷3~4次,效果较好。

(三)流 胶 病

流胶病主要危害杏树主干和枝条,而且是以主干和主枝分权部为主。有时果实也有流胶。

【症 状】 枝干发病部皮层呈瘤状隆起,或环绕皮孔出现直径为 1～2 厘米的凹陷病斑,从皮孔中流出淡黄色的柔软而透明的脂状汁液,后氧化凝结,变为赤褐色胶状物。

果实受侵染后,多在近成熟期发病,初为褐色腐烂状,逐渐密生粒点状物,潮湿天气时,从粒点孔口溢出白色块状物。

【发病规律】 流胶病是真菌中的一种子囊菌侵染所致。以菌丝体和分生孢子器在病部越冬,也可在因病致死的枝条上越冬。分生孢子靠雨水分散传播,自皮孔与伤口侵入,以一二年生病枝发生量最多。病菌可潜伏于被害枝条皮层组织和木质部,在皮层中产生分生孢子,成为侵染源。

【防治方法】

①在修剪时要适当轻剪,避免造成枝干上的大伤口。对大剪口和锯口,要涂铅油、接蜡等防腐剂,以保护伤口不受感染。

②及时消灭枝干害虫,如红颈天牛、小蠹虫等蛀干害虫,防止在枝干上造成伤口,引起流胶。

③在进行果园管理时,避免由于机械伤所造成的伤口而导致流胶。

④进行药剂防治。萌芽前,刮除流胶病块,涂抹佰明 98 灵原液,防治效果较好。

(四)杏疮痂病

杏疮痂病,主要危害果实,造成果面龟裂,使之粗糙,不能食用。同时,也危害叶片和新梢,使叶片早落,新梢枯死,严重时整株树死亡。

【症 状】

①果实受害状 此病多在果实肩部发生。发病初期,果面出现暗绿色圆形小斑点。随着果实的膨大,病斑扩大,颜色

加深,逐渐变为褐色或紫红色。当果面变黄,果实接近成熟时,病斑上出现紫黑色或红黑霉状斑点。严重时数个病斑连成一片,果面粗糙,形成龟裂。在成熟果上的病症,一是呈片状,为深灰褐色或灰色,形成介壳状突起的木栓块。二是木栓块脱落后,形成不规则的凹坑。三是病斑呈圆形,黄褐色,稍凸起。四是病斑也呈圆形,但为深褐色,稍凹陷。

②叶片受害状　叶片的发病状况与果实相似。以后病斑逐渐变成紫红色,形成穿孔,严重时引起早期落叶。

③枝梢受害状　枝梢发病初期,出现椭圆形淡褐色小斑点。到秋季发展成长 10 毫米、宽 5 毫米的凹陷黑褐色病斑,数块病斑连成片后,可使植株上部枝梢枯死。

发病严重的植株,在当年 7～8 月份全部落叶,引起第二次发芽,严重削弱树势。如果连续 2～3 年发病,可导致根系腐烂,全株枯死。

【发病规律】　杏疮痂病是由真菌引起的病害。病菌以菌丝体在病枝中越冬,第二年春天借风雨传播。该病潜伏期长,初侵染对杏树危害最大。初发病在 5 月份,发病盛期为 6～8 月份。

该病在雨水较多的春季和夏季发病重,水地比旱地发病重,树冠下部果比上部果发病重,树冠郁闭、通风条件不好的果园,比树冠合理、通风良好的果园发病重。根据杏疮痂病的这一发作特点,在对其进行全面防治时,要注意抓好病重部位和病重时期的防治工作。

【防治方法】

①加强果园管理　结合修剪剪除有病枝梢,集中销毁,以减少病菌来源。雨后做好开沟排水工作,降低果园湿度,可减轻发病。

②**喷药防治** 在早春发芽前喷 5 波美度石硫合剂,落花后半个月开始至 6 月间,每隔半个月左右喷一次 14.5% 多效灵 1 000~1 200 倍液。

(五)杏褐腐病

杏褐腐病,又称灰腐病和实腐病,是果实的主要病害。该病也危害叶片、花和新梢。

【**症 状**】

①**果实受害情况** 杏果近成熟时,最易感染此病。发病初期产生褐色圆形病斑,几天内很快扩展到全果,果肉变褐软腐,表面产生圆圈状白色霉层,后变成灰褐色。因此,又叫灰腐病。此病发生时伴有香气。病果大部分腐烂后失水干缩,变成黑色僵果,挂在树枝上,经冬不落。

②**花朵受害情况** 花朵被害后花器变成黑褐色,并枯萎或软腐。干枯后残留在枝上。如遇阴湿天气,也可出现灰白色霉层。

③**叶片受害情况** 被害幼叶初期边缘有水渍状褐斑,以后扩展到全叶,叶片逐渐枯萎,但枯萎后不脱落。

④**枝条受害情况** 被害枝条初期产生长圆形灰褐色溃疡。病斑边缘为紫褐色,中间凹陷,并伴有流胶现象。后期病斑绕枝一周,枝条枯死。

【**发病规律**】 褐腐病菌主要在僵果和病枝上越冬。翌年 4 月份雨水多时,形成子囊孢子和分生孢子,侵染花朵,形成花腐;侵染幼果,形成果腐和落果;侵染新梢,产生枝枯。尤其在果实近成熟期雨水多、发生裂果时,病害易流行。

【**防治方法**】

①清除越冬菌源。结合修剪,彻底清除地面及树枝上的

病僵果和病枝梢,集中烧毁或深埋。结合深翻,将地面的病枝、病果等残体翻入土中,减少越冬菌源。

②及时防治虫害,减少果实伤口,防止病菌从伤口侵入。

③早春萌芽前喷一次 5 波美度石硫合剂。在杏树开花70%左右时及果实近成熟时,喷布 70%托布津或 50%多菌灵1 000～1 500 倍液,杀灭该病病菌。

四、杏树主要虫害的防治

(一)杏球坚蚧

【危害状况】 杏球坚蚧,是杏树的主要枝干害虫。该虫主要吸食杏树汁液。树体受害后树势衰弱,产量下降,受害严重的树枝干枯死。

【形态特征】

①雄成虫 头部、胸部呈红褐色,腹部为淡黄褐色,尾部有交尾器一根,介壳为长椭圆形。呈半透明状。

②雌成虫 体外有半球形介壳。介壳初期柔软,为黄褐色;后期变为硬壳,为紫褐色。其上有光泽,附着在枝条上。

③卵 椭圆形,白色,半透明。初孵化时为粉红色。

④若虫 长椭圆形,背面褐色,有黄白色条纹,其上被有一层极薄的蜡层。腹部淡褐色,末端有两根细毛,活动力强。

【生活史及发生规律】 该虫在北方地区一年发生 1 代,以 2 龄若虫固着在枝条上越冬。第二年 3 月下旬至 4 月中旬,越冬若虫开始活动,刺吸枝条汁液,对树体危害很大。被害枝梢冬春季易失水干枯,造成树势衰弱,严重时整株树枯死。4 月中旬至 5 月下旬,雌成虫虫体膨胀;雄成虫在由蜡质形成的壳内化蛹,5 月上旬至下旬开始羽化,羽化后立即和雌虫交尾。之后雄虫死去。雌成虫开始分泌黏液,并形成硬的介壳。同时在介壳内产卵。卵经过 10 天左右,孵化成若虫。孵化盛期为 5 月下旬至 6 月上旬。孵化的若虫爬出介壳,很快分散到幼嫩枝条上为害。至 9 月下旬,若虫可形成介壳,并在壳内越冬。

【防治方法】

①在树体休眠期,用硬毛刷刷掉介壳虫壳体。

②在 5 月上旬该虫的壳体软化时,喷施 1 000～1 500 倍的速蚧克或内吸性强的杀虫剂,要求喷布周到。

(二)红颈天牛

【分布及危害】 红颈天牛属于鞘翅目,天牛科。分布于辽宁、内蒙古、甘肃、河北、河南、陕西、山西、山东和江苏等省、自治区。危害桃、杏、李等果树。幼虫在皮层和木质部蛀隧道,造成树干中空,皮层脱离,树势弱,常引起死树。

【形态特征】

①成　虫　体长 28～37 毫米。黑色。前胸大部分为棕红色或全部黑色,有光泽。前胸两侧各有一刺突,背面有瘤状突起。

②卵　长圆形,乳白色,长 6～7 毫米。

③幼　虫　体长 50 毫米,黄白色。前胸背板扁平,方形,前缘黄褐色,中间色淡。

④蛹　淡黄白色,长 36 毫米。前胸两侧和前缘中央各有突起 1 个。

【生活史及发生规律】 红颈天牛在华北地区 2～3 年发

生1代,以幼虫在树干蛀道内越冬。翌年春天,越冬幼虫恢复活动,在皮层下和木质部钻蛀不规则的隧道,并向蛀孔外排出大量红褐色虫粪及碎屑,堆满树干基部地面,5～6月份危害最重。其老熟幼虫粘结粪便、木屑,在木质部做茧化蛹。6～7月份羽化为成虫。成虫寿命10天左右,羽化后2～3天交配,产卵于枝干的树皮缝隙中。每头雌虫可产卵40～50粒。卵期8～10天。幼虫孵化后,头向下蛀入韧皮部,滞育越冬。翌年春天,幼虫继续向下蛀食皮层。至7～8月份,幼虫体长30毫米左右时,头向上往木质部蛀食。再经过冬天,到第三年5～6月份,老熟化蛹。经蛹期10天左右,羽化为成虫。如此完成1代。幼虫一生可蛀食枝干50～60厘米。

【防治方法】

①在成虫出现期,利用成虫午间静息枝干的习性,将其振落,予以捕杀。也可用荧光灯、白炽灯诱杀。

②成虫发生前,在树干树枝上涂白,防止成虫产卵。涂白剂的配方为:生石灰：硫黄：食盐：兽油：水＝10：1：0.2：0.2：40。

③消灭幼虫。幼虫孵化后,经常检查树干。发现有虫粪时,可用细铁丝钩杀幼虫;或用枝接刀在幼虫为害部位,沿枝干纵划2～3道,杀死幼虫;亦可用兽用注射器或压缩喷雾器换成尖嘴,向孔内注射药液。药液配方为:敌敌畏：煤油：水＝1：2：20;或用磷化铝片塞入蛀孔,然后用泥土堵上蛀孔,毒杀幼虫。

④对主干主枝刮皮,刮除虫卵。

(三)桃　蚜

【分布及危害】　桃蚜,又名烟蚜、桃赤蚜。在我国东北、北京、山东等地有发生。该虫寄生于嫩叶背面及幼枝上,使幼叶畸形卷缩,嫩枝顶弯曲。主要危害李、杏等果树。

【形态特征】

①卵 长椭圆形,初期为绿色,后期黑色,长径 1.2 毫米,有光泽。

②若虫 体小,似无翅胎生雌蚜。

③无翅孤雌蚜 体长 1.6 毫米,宽 0.83 毫米。体淡色,无斑纹。体表光滑,弓形构造不明显。前胸有缘瘤。背毛粗长钝顶,中额毛一对,头部背毛四对。前胸各有中、侧缘毛一对。

④有翅孤雌蚜 头、胸黑色,腹部淡色。第一、第二腹节毛基片黑色,第三至第六节背片连合为大斑,第七、第八节各有横带。触角长 1.1 毫米,第三节有次生感觉圈 11～19 个,一般 15 个,第四节有 0～3 个。

【生活史及发生规律】 桃蚜在北方地区一年发生 13 代之多,以卵在李、杏芽的附近越冬。翌年 3 月下旬至 4 月中旬,越冬卵孵化,幼虫危害花、新芽及幼叶。自 5 份开始产生有翅胎生雌蚜,迁飞至夏季寄主上。10 月中旬在寄主上出现有翅产卵雌蚜,交尾后在芽及树枝裂缝中产卵越冬。

【防治方法】

①加强果园管理 结合春季修剪,剪除被害枝梢,集中烧毁。

②合理配置树种 在果园附近,不要种植烟草、白菜等农作物,以减少蚜虫的夏季繁殖场所。

③保护天敌 要尽量少喷洒广谱性农药,同时避免在天敌多的时期喷药。

④药剂防治 在蚜虫发生期喷布 10% 扑虱蚜 3 000～

5 000倍液。

（四）桑 白 蚧

桑白蚧，又名桑盾蚧、桑介壳虫、桃介壳虫等。属于同翅目，盾蚧科。

【分布及危害】 在国内分布较广，是南方桃和李树以及北方果区的一种重要害虫。以雌成虫和若虫群集固着在枝干上吸食养分，偶有在果实和叶片上为害者，严重时枝条上介壳密布重叠，远看枝条呈灰白色，且凹凸不平。被害树极度衰弱，甚至造成枝条或全树死亡。

【形态特征】

①**雌成虫** 橙黄色或橘红色，体长 1 毫米左右，宽卵圆形，扁平，触角短小，退化呈瘤状，触角上有 1 根粗大的刚毛。腹部分节明显，分节线较深。臀板较宽，臀叶 3 对，中对最大，近三角形；第二、第三对臀叶分为两瓣，第二臀叶内瓣明显，外瓣较小；第三臀叶退化很短。肛门位于臀板中央；围绕生殖孔有五群盘状腺孔，称围阴腺，上中群 17～20 个，上侧群 27～48 个，下侧群 25～55 个。雌虫介壳圆形，直径为 2～2.5 毫米，略隆起，有螺旋纹，灰白色至灰褐色；壳点黄褐色，在介壳中央偏旁。

②**雄　虫** 体长 0.65～0.7 毫米，翅展 1.32 毫米左右。橙色至橘红色，体略呈长纺锤形。眼黑色。触角 10 节，略与体等长，念珠状，上生很多毛。胸部发达；仅有一对前翅，卵形，被细毛，后翅退化为平衡棒。足三对，细长多毛。腹部长，末端尖削，端部具一性刺交配器。介壳长约 1 毫米，细长白色，背面有 3 条纵脊，壳点橙黄色，位于壳的前端。

③**卵** 椭圆形，长径为 0.25～0.3 毫米，短径为 0.1～

0.12毫米。初产出时为淡粉红色,渐变为淡黄褐色,孵化前变为杏红色。

④若　虫　初孵若虫淡黄褐色,扁卵圆形,以中足和后足处最阔,体长 0.3 毫米左右。眼、触角和足俱全。触角长 5 节,足发达,能爬行。腹部末端具尾毛两根。两眼间有 2 个腺孔,分泌棉毛状物遮盖身体。蜕皮之后,眼、触角、足和尾毛,均退化或消失,并开始分泌介壳蜡粉。第一次蜕皮附于介壳上,偏一方,称为壳点。雌性形状与雄成虫相似。

【生活史及发生规律】　每年发生代数因地而异,浙江为 3 代,广东为 5 代,北方各省为 2 代。在北方各省,该虫均以第二代受精雌虫于枝条上越冬。5 月份,越冬代雌成虫开始产卵,卵期约 15 天。初孵化的若虫一天或二天后,便固定在枝条上为害,经 5～10 天开始形成介壳。雌若虫蜕两次皮后,至 7 月中下旬发育为成虫,并与雄成虫交尾产卵。卵期约 10 天,孵化出的若虫继续为害,至 8 月下旬到 9 月上旬陆续羽化。雌成虫交尾后,在树体上进入越冬状态。

各地杏树物候期不同,虫害发生、发展期也不同,因此要注意观测。

【防治方法】

①苗木检疫　加强苗木、接穗检疫工作,防止桑白蚧扩大蔓延。

②消灭越冬幼虫　结合修剪和刮皮等技术措施,及时剪除并烧毁被害枝梢,或用硬毛刷清除枝梢上的越冬雌虫。

③药剂防治　在若虫分散转移、分泌蜡粉介壳之前,可喷施速蚧克 1000～1500 倍液进行防治。

④生物防治　利用捕食性红点唇瓢虫和寄生性软蚧蚜小蜂等,消灭桑白蚧,控制其危害程度。

(五)天幕毛虫

【分布及危害】 该虫属枯叶蛾科。又名天幕枯叶蛾、梅毛虫,俗称"顶针虫"。在我国各果区均有分布,发生普遍。天幕毛虫食性杂,危害重。在大发生年份能将全树叶吃光,严重影响果树生产。天幕毛虫的幼虫,食害杏树嫩芽、新叶及叶片,并吐丝结网张幕。幼龄幼虫群居天幕上。幼虫老熟后分散活动。

【形态特征】

①成　虫　雌雄个体大小、色泽及触角有显著差异。雌蛾体长约 20 毫米,翅展约 40 毫米。体褐色,前翅中部有两条深褐色横线,两横线中间为深褐色宽带,宽带外侧有一条黄褐色镶边,其外缘有褐色和白色缘毛相间,触角为锯齿状。雄蛾体长约 16 毫米,翅展约 30 毫米,体黄褐色,前翅中部有两条深褐色横线,两横线中间色泽稍深,形成一宽带。触角为双栉齿状。

②卵　圆筒形,灰白色,高约 1.3 毫米,直径约 0.3 毫米,约 200 粒卵围绕枝梢密集成一卵环,状似"顶针",过冬后为深灰色。

③幼　虫　共 5 龄。老熟幼虫体长 50~55 毫米。头部暗黑色,生有很多淡褐色细毛;散布着黑点。背线黄白色,身体两侧各有橘黄色纹两条。各节背面有黑色瘤数个,上生许多黄白色长毛。腹面暗灰色。气门上线黄白色,气门下线亦为黄白色。初孵出的幼虫身体为黑色。

④蛹　体长 17~20 毫米。黄褐色。茧为黄白色。

【生活史及发生规律】 黄褐天幕毛虫每年发生 1 代,以完成胚胎发育的幼虫在卵壳中越冬。翌年杏树花期前后(4月中下旬),幼虫孵出。幼虫先在附近的芽和嫩叶上为害,以

134

后在枝杈处吐丝结网成天幕。白天躲在网内,夜间出来取食叶片。幼虫蜕皮于网上。幼虫经 4 次蜕皮后,便离开丝网,分散到全树,暴食叶片。幼虫期约 45 天,蛹期 10～15 天。5 月末至 6 月上旬羽化为成虫。成虫盛发期为 6 月中旬左右。成虫晚间活动,雄蛾趋光性强。雌蛾产卵于小枝上,每只产卵1～2 块。卵至翌年春天孵化。

【防治方法】

①结合杏树冬季修剪,彻底剪除在枝梢上越冬的卵环。

②在幼虫为害期,经常检查,发现幼虫群集天幕为害时,就及时消灭。

③大面积发生、虫口密度又大时,可以喷辛脲乳油1 500～2 000 倍液,消灭成虫。

(六)东方金龟子

【分布及危害】 东方金龟子,又名黑绒金龟子、天鹅绒金龟子。属鞘翅目,鳃金龟科。国内各省几乎都有发生,以成虫食害嫩芽、新叶和花朵。

【形态特征】

①成 虫 体长 7～10 毫米。体黑褐色,被灰黑色短绒毛。

②卵 椭圆形,长径约 1 毫米。乳白色,有光泽,孵化前色泽变暗。

③幼 虫 老熟幼虫体长 16 毫米,头部黄褐色。胴部乳白色,多皱褶,被有黄褐色细毛。肛腹片上约有 28 根刺,横向排列成单行弧状。

④蛹 体长 6～9 毫米,黄色,裸蛹,头部黑褐色。

【生活史及发生规律】 东北、华北和西北各地一年发生1 代,以成虫在土中越冬。翌年 4 月中旬出土活动,为害盛期为 4 月末至 6 月中旬。6 月份为产卵盛期。卵产在草荒地、豆地、果园间作地或绿肥地里,以 5～10 厘米深表土层内最多。卵期约 9 天,6 月中下旬开始出现新一代幼虫。幼虫取食植物幼根。至秋季,3 龄老熟幼虫迁入 20～30 厘米深土层内化蛹。蛹期 10 天。羽化出的成虫不再出土,进入越冬状态。成虫具有较强的趋光性和假死性。

【防治方法】

①利用成虫的趋光性,在成虫发生期设置黑光灯诱杀。

②在成虫发生期,利用成虫的假死性于傍晚振落树下,予以捕杀。

③利用成虫的入土习性,于发生前在树下撒 5％辛硫磷颗粒剂,撒施后耙松表土,使部分入土的成虫触药而死。

④成虫发生量大时,可进行树上喷药,药剂可选:80％敌百虫乳油 800 倍液,或 50％马拉硫磷乳油 2 000 倍液,25％西维因可湿性粉剂 1 000 倍液,50％马拉松乳油 1 000～1 500 倍液,或将毒饵拌入切碎的白菜、萝卜及菠菜等,于傍晚撒在树下进行毒杀,均有较好的防治效果。

(七)杏仁蜂

【分布及危害】 杏仁蜂属膜翅目,广肩小蜂科。分布很广,在辽宁、河北、河南、山西、陕西及新疆等地均有分布的报道。其幼虫主要危害杏仁,引起大量落果,造成严重减产。

【形态特征】

①卵　白色微小,即使剖开杏仁,亦不易见。

②幼　虫　乳白色,长 6～10 毫米。体弯曲,两头尖而中间肥大。头部藏有很发达的黄褐色上腭一对,其内缘有一个很尖的小齿。无足。

③ 蛹　体长 5.5～7.0 毫米,腹部占蛹体的大部分。初化蛹时为奶油色,其后显出红色的复眼。如为雌虫,则随后腹部显出橘红色;如为雄虫,则后腹部显出黑色。

④ 成　虫　雌成虫体长 4～7 毫米。头大,黑色,复眼暗赤色。触角第一、第二节橙黄色,其他各节为黑色。胸部及胸足的基节黑色,其余各节为橙色。腹部橘红色。雄虫体长约 5 毫米,与雌虫不同之处表现在触角的 3～9 节上,有成环状排列的长毛,腹部为黑色。

【生活史及发生规律】　该虫在北方地区一年发生 1 代,以幼虫在落果或枯枝上的僵果核内越冬。4 月中下旬,幼虫在杏核内化蛹,4 月下旬至 5 月上旬,在核内羽化为成虫。成虫在核内停留几天后,破核而出。5 月上中旬,当杏树坐果后一周左右,杏果长到豌豆粒大小时,成虫出土,在太阳升起、温度升高后,进行飞翔交尾。

成虫一般在杏果阳面,产卵于杏仁和核皮之间,在每果上产卵 1 粒。一只雌虫可产卵 20～30 粒。产卵孔一般不明显,常伴有流胶出现。卵产后 10 天即可孵化。孵化出的幼虫即蛀食杏仁,造成落果。一般 5 月中下旬大量落果。6 月上旬幼虫老熟,在核内越冬。到翌年 4 月中下旬才化蛹、羽化。

【防治方法】

①清除落杏和干杏。杏仁蜂危害所造成的最大损失是,使杏果实早落,而又以幼虫在杏核内越夏越冬。针对这些特点,只要能全面彻底清除园内落杏及杏核,并敲落树上的干杏,予以适当处理,就能基本上消除杏仁蜂的危害,而无需用药物防治。

②结合冬季果园耕翻,将杏核埋于土中,可以防止成虫羽化出土。

第八章　杏果采后处理、贮运保鲜与加工

一、认识误区和存在问题

采后处理,是提高杏栽培效益的重要手段。目前,我国杏果采后处理方面还存在一些问题,需要认真加以解决。

1. 采收不当

多数栽培者对不同品种、不同用途的杏果的采收标准,掌握不准,经常出现过早或过晚的不适时采收。过早采收,果实固有品质不能充分体现,降低了商品价值;过晚采收,因果实过熟而不利于贮运,有些品种还可能出现裂果现象,使生产效益受到影响。也没有根据果实采后的流向和用途,灵活确定采收期,把当地销售和外运果、鲜食果和加工用果、不同加工制品用果,都在同一时间采收。由于不能根据果实的不同去向和不同用途,不能根据当年的气候条件和果实的实际发育情况,正确确定采收期,因而往往导致采收不适时,或采收过早,或采收过晚。这就不能地很好地满足市场的不同需求,自然降低了杏果的商品性能和经济效益。

有的栽培者不能根据杏果的不同成熟度采收。不同部位的果实,其成熟期会有所不同。如树冠上部和树冠外围的杏果,要比内膛的杏果和下部的杏果成熟早,一个花序中的杏果,其成熟期也有差异。有的栽培者对这些缺乏认识与了解,不能在确定采收期时做到区别对待,因而导致果实采收不适时。

2. 采摘粗放

有些栽培者没有充分注意杏果不耐机械损伤的特点,采收时不注意轻拿轻放,而使果实发生磨伤、刺伤和挤压伤等伤害,结果既降低了好果率,又引发一些由伤口侵染的果实病害。也有的不按采收操作规程作业,粗放采摘,折断果枝,伤害树体,对下一年的产量产生不良影响。

3. 包装粗糙

有的果农不重视果实包装,所用的包装器材质量低下,对贮运中的果实不能起到很好的保护作用,使果实出现挤、压损伤;有的所选用包装器材外观不佳,包装不精细,降低了果品的市场竞争力和商品价值。

4. 运输方法不当

有的经营者对杏果不耐贮运的特性了解不够,在外销中采用与苹果、梨等耐贮运果实相近的运输方法,运输前不进行预冷处理,长途运输时间过长,又没有采取冷链运输的方式,因而使果实在运输过程中品质下降,甚至出现腐烂现象。

5. 预冷不及时

世界上一些果品贮藏技术先进的国家和地区,把水果采用 24 小时入贮,作为搞好果品贮藏保鲜的一种重要措施。为了做好这项工作,多数把贮藏场所建在产地或果园周围。我国的果品贮藏不论是产地贮藏还是销地贮藏,都存在着采后不能及时入库的问题。这是造成杏果品大量腐烂、失重、品质衰败的一个主要原因,并导致贮藏期缩短,诱发贮藏后期杏果生理病害的大发生。

6. 采后管理中科技措施到位率低

采收以后的杏果,仍然是一个有生命的有机体,因此在贮藏时,要注意选择适当的品种和成熟度,控制稳定适宜的低温,及时通风换气或配合密闭调节成分和某些药剂处理等措施,在不影响果实正常生理活性的前提下,抑制果实呼吸,抑制微生物生长,降低果品的新陈代谢,达到减缓果实衰老的目的。在采后的管理上,必须注意根据不同的品种及用途要求,因地制宜地选择与之相适应的贮藏方式。贮藏必须从采收、分级、包装、预处理、预冷和贮藏等多方面考虑,严格按照技术规程操作,实行标准化管理。特别是温度、湿度、气体成分的调控以及病害防治方面加以注意。

在贮运保鲜过程中,有些商家保鲜意识差,缺乏专业知识,对杏果贮运环境的温度和湿度控制不严,导致杏果遭受低温冷害而大量腐烂变质和损失。

7. 贮运保鲜过程中病害的发生

杏贮运病害的发生和危害,是影响杏贮运质量、缩短贮藏期和货架期与造成大量腐烂和损失的主要原因之一。常见的杏贮运病害,如褐腐病、软腐病等。据不完全统计,因贮运病害造成杏病腐率达 10%～20%,严重的甚至达到 40%以上。因此,研究解决杏贮运中各种病害种类、发生及其防治方法,仍是杏贮、运、销中一项亟待解决的主要问题。采用贮运前的商品化处理、贮运中的保鲜技术和防病技术相结合的综合措施,才能达到预期效果。

二、提高杏果采后效益的方法

(一)适期适法采收杏果

杏果的适期采收是保证果品质量的关键,也是连接生产和消费的重要环节。它不仅直接影响着当年的产量和杏果的质量,也决定着生产经营的经济效益。因此,应该把采收工作看成是整个杏生产经营的重要步骤,适时适法、认真仔细地做好杏果采收工作。

1. 适时采收

合适的采收时间,既可以保证获得最高的杏果产量,减少损失,又可保证有良好的杏果质量。采收时间的确定,一般取决于品种的成熟期、果实的消费方向(鲜食,加工,当地市场出售,远销外地或出口等)、天气条件和运输方法等。

用于加工的杏果,其采收的时间应根据杏果加工的方向而定。用于制作"青梅"的杏,可在接近采收成熟度、绿色尚未褪去时采收;作杏话梅的杏果,也可稍早采收。用于制作糖水罐头和果脯的杏果,不宜采收过早或过晚,而应在绿色褪尽、果肉尚硬时采收,即一般所说八成熟时采收为宜。此时采收的杏果,既便于切分和煮制,也有利于保持杏果固有的风味。采收过早,果面的绿色会影响加工品的外观品质;采收过晚,则在加工过程中损失较大,会使成本提高,降低经济收益。用作果酱的杏果,可采收稍晚,但也不宜过晚。过熟的杏果,由于淀粉含量的降低,果胶转变成果胶酸,有机酸含量下降,不利于形成凝胶状,从而影响果酱的质量。用来熏制杏干的杏果,也不宜采收得过晚;否则,会加大加工过程中的损失。我国新疆大部分杏产区,杏成熟季节气候炎热干燥,往往等杏果干于树上后才采收,这种天赋条件是内地所不可比拟的。

无论是何种用途,均不宜采收过晚,以免因果实过度成熟,自然脱落,造成损失。过熟杏果不易运输和贮放,容易丧失果品的商品价值。

仁用杏的采收,应等果面变黄、果实自然裂口时采收。采收过早会影响种仁质量,但也不可过晚;否则种核落地,不易收集,招致损失。

具体的采收日期确定之后,在采收当日何时采摘,也是应当注意的问题。一般应等露水干后采摘为宜;否则果面沾有露水,不仅会弄脏果面,而且因湿度大而加速杏果的呼吸作用。这样既容易失分量,也容易造成腐烂。杏熟时期正值高温季节,中午日晒甚烈,不宜采摘杏果;否则,过热的杏果集中在一起,会加剧呼吸作用,不仅损失重量,而且会催熟果实,使之丧失贮运能力,杏果品质也会很快下降。一般以晴天的上午 10~12 时和下午 4 时以后采摘为宜。

2. 适法采收

肉用杏多以手工采摘为主。尤其是以鲜果供应市场或用于出口的杏果,为了保证果面的鲜艳和完整无损,手工采摘是最可靠的。采收时,应尽量使用高凳采果,减少上树摘果的人数和次数。也不可强弯大枝,以免造成折枝,招致树体损害。

目前,在国外已出现"自采"杏园,即发给每个顾客一个一定容量的小篮,由顾客自己到树下去采摘杏果,出园时计量收费。这种自采杏园既可减轻经营者采收的负担,又配合了大城市居民的假日旅游,是一种有发展潜力的经营方式。

(二)杏果的挑选与分级

将采摘下的杏果,按品种在选果场进行分级和包装。在较大的专业杏园,选果场宜建在杏园中心靠近主道的地方,以便于运输。小杏园进行选果时,可在地头临时搭起帐篷,或在树下进行。选果场应准备磅秤、量果板和包装材料等物品。

分级时,要剔除伤残果、病虫果和畸形果,并按果实大小和着色程度,将杏果分成若干等级,以便于包装、运输和销售,提高杏果的市场竞争能力和获得较高的经济效益。

目前,国际上一般将杏果分为三级,即特级、一级和二级。特级果要求直径在 40 毫米以上,具有品种的特定果色和形状,果面光洁,没有暗伤和伤疤。一级果的直径在 30 毫米以上。果面光洁,没有暗伤和伤疤。二级果的直径要求在 20～30 毫米之间,具有品种的外观特征,允许有轻微的暗伤和少许伤疤。病虫果、畸形果和严重伤残果均不能入级。目前多以人工分选为主,大杏园可设专门的选果机分级。

(三)杏果的预冷

杏果多在夏季高温时成熟。杏果采下时温度较高,呼吸旺盛,如不及时将果温降到适宜的贮藏温度,会缩短它的贮藏寿命。将采收后的果实直接堆垛,会造成以下危害:

一是为使果垛尽快降温,须加大送风量和送风温差,这就必然造成干耗大,冷风机冲霜频繁,浪费能源。

二是每次进库果实均为热货,库温无法稳定,再加上包装物隔绝了果实与对流冷空气的接触,减缓了果温下降速度,使病害发生机会增加。

对杏果进行预冷,常用的方法有强制风冷、水冷和库房冷却三种。

1. 风冷法

即采用冷风机冷却果品。风冷包括强制风冷和库房冷却两种方式。

强制风冷,是把果箱垛好,然后抽风,让冷风从箱子空隙中进去,把热量带走。库房冷却,是把果品放在冷库中,箱子间留有空隙,使果品冷却,风速越大,降温效果越好。

2. 水 冷 法

即采用水降温的办法。可用 0.5℃～1.0℃的冷水从果实上面淋下,也可将盛有果实的塑料周转箱放入有流动水的槽中,从一端向另一端徐徐移动。让水将果实的热量带走。

3. 自然冷却

若没有预冷设施,可利用自然低温使果实冷却。

(1)在清晨采收　不要在气温高时采收。

(2)在下午四五点钟以后采收　果实放在树荫下放置一夜,次日早晨再装箱运输或入库。

(3)在阴凉处存放　利用空房、地窖和树荫等阴凉处,存放杏果,避免阳光直射。

4. 冰 冷 法

可采用真空冷却或冰冷却等方式,冷却杏果。

(四)杏果的包装和运输

1. 包　装

良好的包装不仅可以减少杏果在转运途中的损失,还有助于保持和增进杏果的品质。一般情况下,包装与分级是同时进行的。用于远销和出口的杏果,应选用良好的包装材料,以有瓦楞纸分隔的硬壳纸箱为宜,常用规格为 55.0 厘米×35.0 厘米×11.1 厘米,箱侧有圆形通气孔,以利于散热。每箱装杏果5～6 千克。特级和一级果在装箱时每果宜用薄纸单独包裹,以确保其在贮运中完好无损。用于附近市场鲜销的杏果,也应有适当的包装,包装箱可比上述的大一些,装量以 8～10 千克为宜。国际上多采用板条箱,将已分级好的杏果直接运至市场销售。因杏果柔软多汁,果面极易碰伤,经不起多次倒换容器,故以分级后直接运到市场为好。为便于销售和顾客购买,可用特制的带孔的小塑料盒包装。每盒装0.5～1千克杏果。每 10 盒装一箱,再由汽车直接运到市场供销售。这样,既可减少中间环节,避免造成损失,又可减轻污染,还可以便利顾客购买。

2. 运 输

杏果成熟后柔软多汁,经受不住运输途中的挤压碰撞,如不采取有效保护措施,就往往给经营者带来不小的损失,这在很大程度上限制了杏产业的发展。为了使损失降低到最小的限度,除了要选择在交通方便的地方建园之外,讲究运输的方法是必要的。将杏果由树下集中到选果场,要尽量使用胶轮手推车或拖拉机。由于此时的包装多是临时性的,故不宜在一车上装得过多,也不宜重叠装运。将杏果装入包装箱时,不应装得过满,以装至距包装箱上沿 3～4 厘米处为限,以免上下挤压。箱内杏果应彼此紧贴,不要左右摇荡。用汽车运输时,应避免一车装得太多。途中不可高速行驶,以免遇到紧急情况急刹车时,大量挤压杏果,造成严重损失。运杏之前,应将所经农村道路检查一遍,将坑凹处填平,避免行车时发生严重的摇晃和震动,以便将损失减少到最低限度。运杏的车辆应配盖苫布,以防止太阳直晒,避免杏果因增温过高而软腐,并防止灰尘落在果面上。

当前最理想的运输方式是用冷藏车运输,每个冷藏车厢装 5～6 吨杏果,在 0℃～5℃ 的低温条件下,运输 3～5 天也不致失重,仍然保持杏果的新鲜品质。

(五)杏果的贮藏保鲜

杏果的成熟期比较集中。在我国大部分杏产区,杏果一般在 5 月下旬至 7 月下旬成熟,供应期只有 60～70 天的时间,具体到一个地区仅 30～40 天。熟期过于集中,一方面使新鲜杏果不能周年供应市场,一方面又使加工部门一时难以承受。杏果极不耐贮,在自然条件下只能放 3～4 天。若贮放时间过长,会使杏果丧失鲜食和加工品质。杏果若短时间内不能售出和加工,就会腐烂变质,使生产者和经营者遭受损失。因此,除了栽植不同成熟期的杏品种之外,设法在杏果成熟时将一时不能销售和加工的杏果进行保鲜贮藏,对于延长杏果供应期,缓解加工厂的周期性紧张,减少损失,增加收益,有很大的意义。杏果的贮藏保鲜方法有以下几种:

1. 低温贮藏

目前,最有效的贮藏保鲜方法是低温贮藏。即将杏果置于冷库中保存,低温可以降低杏果的呼吸强度,抑制微生物的活动,保持杏果的新鲜状态。根据国内外的经验,杏果在 −1℃的低温条件下,可贮藏 35 天左右。杏低温贮藏的最适温度为 −0.5℃～0.5℃,相对湿度为 90%。在最适条件下,杏果存放 2 周后,其损失率不大于 5%。

由于杏成熟期多在 6～7 月份,正值高温季节,昼夜温差不明显,夜间可利用低温很少,因此可在 8℃～10℃环境中短时间存放。如果要存放几天或几周,就必须采用机械制冷,将温度降至杏贮藏所需要的温度。

正常采用的杏果贮藏温度条件为 0℃～1℃。目前,生产上常用的库型是机械冷藏库。机械冷藏库包括由钢筋混凝土构成的库体和由隔热材料构成的隔热层。库中安装有由压缩机、凝结器、输液器和蒸发器组成的制冷装置。制冷剂有多种,常用的有氨和氟利昂等。建造机械冷库需要较大的投资,耗费大量的能源,一般需建立在电力供应有保证的、交通方便的城市郊区。机械冷库的温、湿度容易控制,贮存效果较好。

用机械冷库在 0℃～-1℃ 的温度和 97%～98% 的相对湿度下,保存银香白杏和土黄杏,可由 6 月下旬贮存到 10 月上旬。杏果贮存时间的长短和保鲜程度,取决于杏的品种、采收时间和贮存条件(温度和相对湿度)。一般晚熟品种的耐贮性,高于早熟品种的耐贮性。

杏果在贮藏中的损失,主要由失重和腐烂变质所引起。后者所占比例远较前者为高。因此,杏园中采取的农业技术措施,特别是病虫害防治措施(打药与否)和采收技术,对贮藏的影响是不容忽视的。在贮藏中,保持比较高的相对湿度,是减少杏果失重的重要措施。

试验研究和经验表明,杏果低温贮藏的温度范围为 -0.5℃～5℃,相对湿度为 80%～90%。杏果在这种条件下存放两周,损失率不高于 3.5%～5%。

将气调(AC)贮藏和低温贮藏结合起来,可以更有效地延长杏果的贮藏期。试验结果表明,在 0℃ 的低温下,5% 的二氧化碳(CO_2)和 3% 的氧(O_2)的气体比例,可以收到最好的贮藏保鲜结果。试验结果还表明,气调贮藏对于未熟果和过熟果的保鲜作用更为明显。对于适期采收的杏果,气调显然也可延长一定的贮存期,但总的效益并不显著。

对于只存放较短时间(6～8 天)的杏果,可采用简单的冷库设备,使温度不高于 8℃～10℃ 即可。

若要对杏果进行较长时间的贮存,则应在入库前对杏果进行预冷,把它放在阴凉的地方进行通风降温,或用冷气在预贮库内预冷。一般需预冷 12～24 小时,使杏果温度降至 20℃ 以下。切不可将在杏园刚采收的杏果立即送入冷库。经过预冷的杏果,要及时送入冷库。在入库后的头 1～2 天内,要使温度保持在 14℃～16℃,相对湿度在 85% 左右。然后,再降温至-0.5℃~5℃之间,并使相对湿度稳定地保持在85%~90%之间。在贮存期间,应进行2~3次检查,并及时处理变质杏果。

从冷库中提取杏果时,应在前1~2天升温回暖,使之达到15℃~18℃(与外界保持6℃~8℃的温度差)。否则,直接由低温状态中取出至常温下,将使杏果表面结霜,降低果品质量。

2. 气调贮藏

气调贮藏和低温贮藏相结合,可以更加有效地延长杏果的贮藏期。但是,即使是在最佳环境中,即温度为0℃,二氧化碳浓度为5%,氧气含量为3%,也只能贮藏50天。气调贮藏的方式有以下两种:

(1)标准气调库贮藏 又称标准气调(CA)。这种方式须建造库房。库房的土木建筑和冷库相同,必须有良好的隔热、防水性能,也必须有足够的冷却表面,以保证库内的高湿度和气体循环,使入贮杏果迅速冷却。同时,还要设置严格的气密层(又称隔气层)。气调的机械设备,除制冷系统外,还要有调气系统。常用的设备有制氮机、二氧化碳脱除器和乙烯脱除设备等。

(2)自发气调贮藏 这种方式是利用冷库的环境,采用塑料薄膜袋及大帐存放等方式,以小包装为主,调节微环境,使每个小包装具有一定的密封性,依靠果实自身的呼吸特性,改变袋内原有的气体成分比例。大气中氧含量为21%,二氧化碳含量为0.03%。在一定的时间内,杏果吸收氧气,放出二氧化碳,使小包装内的气体成分趋近于抑制果实呼吸强度的浓度,使果实呼吸减缓,起到延迟衰老的作用。

塑料小包装袋可采用0.03~0.04毫米厚的聚乙烯材料,

或采用无毒聚氯乙烯薄膜,因为薄膜有一定的透气性,在短时间内,可以维持适当的低氧和高二氧化碳状态,使之不至于达到有害的程度。这种气调方式简便实用,在杏果短期贮藏、远途运输或零售时都可采用。

3. 减压贮藏

减压贮藏,又称低压贮藏,是气调贮藏的改良方法。主要是降低贮藏环境中的气体压力,其中也包括降低果实本身放出的乙烯气体的浓度(压力),保持恒定低压的贮藏方法。果实放在耐压密闭的容器中,抽出部分空气,使内部气压降至一定程度,并在整个贮藏过程中不断换气。换气可通过真空泵、压力调节器和加湿器来实现,使贮藏容器内空气维持新鲜、潮湿的状态。由于空气减少,氧分压低,抑制了果实的呼吸,因而使少量生成的乙烯也随之不断排除。减压结束,取出杏果置于大气中时,最初香气较少。在 20℃ 条件下存放一定时间后,可达到果实固有的风味。

4. 冷冻贮藏

供冷冻的杏果,以色泽好,风味佳,肉质嫩而致密,表面光滑和不易褐变的品种为佳。杏果运进冷冻厂后,要进行洗涤、选剔和切果去核,再洗一遍后,将其放在热水或蒸汽中烫漂一次,或在亚硫酸氢盐液中浸渍,或加用抗坏血酸处理。比较坚实的杏果在蒸汽中烫漂 $3\sim4$ 分钟即可;稍软的杏果以二氧化硫处理为好,以免味道受影响(二氧化硫的残留量不可超过 $7.5\times10^{-5}\sim1.0\times10^{-4}$);抗坏血酸可加入到装罐的糖浆中,用量为 $0.05\%\sim0.1\%$。

处理后的杏可以加入糖浆后包装,或用 3 份杏对 1 份干糖,然后装入容器,在吹风冷冻或接触冷冻条件下进行冷冻。

5. 臭氧贮藏

臭氧对环境有害气体具有降解作用,可延缓杏果的后熟与衰老。臭氧能氧化许多饱和、非饱和的有机物质,破除高分子链及简单烯烃类物质。臭氧可使果蔬成熟过程中释放出来的乙烯、乙醇和乙醛等气体氧化分解,还可消除贮藏室内乙烯等有害挥发物,分解内源乙烯,抑制细胞内的氧化酶,从而延缓杏果的后熟和衰老。

臭氧还能调解杏果的生理代谢,降低其呼吸作用。臭氧能诱使杏果表皮的气孔缩小,减少水分蒸腾和养分消耗;同时,所产生的负氧离子,因具有较强的穿透力,可阻碍糖代谢的正常进行,使果实的代谢水平有所降低,从而抑制果实体内的呼吸作用,延长贮藏保鲜期。

6. 全新湿式保鲜法

这是目前新出台的、已经成熟的一种保鲜技术。其基本原理在于对温湿度和气体成分进行特殊的控制。这主要包括临界低温、高湿的控制,利用氙气对细胞间水结构的控制,改变以往只注重温度和气体成分的一般控制。被称为"创新动态保鲜物流体系"。它是利用一个外表类似于集装箱的冷柜,将采收的水果直接放入冷柜中贮藏。这种冷柜就像一个小型的生态系统。该系统主要是降低气压,配合低压和高湿,并利用低压空气循环等措施,为水果创造一个有利的贮藏环境。冷柜内的低气压,是靠真空泵抽去空气而产生的,将低气压控制在 13.3 千帕以下,最低为 1.1 千帕。空气中的相对湿度,是通过设在冷柜中的超声波增湿器进行控制,其好处在于能维持贮藏环境的高湿,一般在 90% 以上。由于抽气减少了冷柜内的氧气含量,使水果的呼吸维持在最低水平,如同休眠一般。同时,环境中的高湿度,还能实现果实的自动补水,从而能长时间保证果实的鲜度与品质。采用此系统保鲜杏果,保鲜期可达50天左右,并且在解除保鲜条件之后,货架期还能相对延长3～5天。目前,该系统给杏果保鲜提供了较好的借鉴,为新技术的应用开辟了新的领域。

7. 热处理结合酸浸保鲜法

热处理对采后果实病虫害的防治,具有良好的效果。开展用热处理改善果实品质,延缓后熟和延长保鲜期的研究,正日益加强。与冷藏及气调相比,热处理并不需要在整个贮藏期间都置于控制条件之下进行。与化学药剂相比,它最大的优点是没有毒性。

热处理保鲜法,由于方法简单,设备条件容易满足,因而是目前使用较为普遍的物理保鲜法。

此外,国际上还有许多先进物理保鲜法,如空气放电保鲜、紫外辐射保鲜、高压静电场保鲜等。我国可以引进、借鉴和进行技术开发,以促进杏果贮运保鲜业的发展。

总之,我国杏生产的飞速发展,要求尽快解决贮藏与流通等问题。然而,国内杏果消费的价格也使我国保鲜行业不能单纯走所谓"高新技术"的道路。研究开发低成本的高效、节能保鲜技术,不仅是当务之急,也是促进杏产业发展的强劲动力。

(六)杏的增值加工

杏果除了可以鲜食外,还可以加工成多种不同种类的产品,满足消费者的多样化需要。通过加工,可以使杏果的价值大为增加,使杏栽培获得可观的效益。

1. 杏干的制作

杏的干制方法,有自然干燥和人工干燥两种方法。自然干制,是我国光照条件好地区农村普遍采用的方法。这种方法是利用太阳的辐射热和热风等,使果品干燥,方法简易。其缺点是受天气限制,产品的产量和质量不稳定。在阴雨连绵时的天气,果实弄不好会腐烂。人工干制,是借助于烘干设备完成的,干制品的产量和质量比较稳定,但成本较高。

杏干制的工艺流程为:

原料选择→清洗→切分→熏硫→干制→回软→包装

杏干制作的技术要点如下:

(1)原料选择 选用大果、黄肉、离核、肉厚而致密、干物质含量高、粗纤维少和香气浓的品种。新疆的阿克胡瓦里、卡拉胡瓦里、克孜尔达拉斯、克孜尔苦曼提,陕西的迟梆子和山东的窜角袭子等,都是加工杏干的优良品种。粗纤维多,有苦涩味的品种,不宜加工杏干。加工杏干所用的杏果,宜于八九成熟时采收。加工前,要去除病虫果、伤残果和腐烂果,按果实大小分级。

(2)清洗与切分 将杏用清水冲洗干净。沿果实缝合线用刀将杏果对切成两半,剔除杏核,切口要整齐。不可用手捏开去核。发现有虫蛀或腐烂果时,必须剔除。将杏片(又称杏碗)切面向上地排列在筛盘上,不可重叠。

(3)熏硫 熏硫前用3%的食盐水喷洒果面,以防止变色,并减少硫黄用量。将盛杏果片的筛盘送入熏硫室熏硫3~4小时。每1 000千克果片,需用硫黄3~4千克。熏至杏碗内有水珠、杏肉透明时即可。

(4)干制 传统的方法是自然干制,即将熏硫后的果片放在竹匾上或晒场上,在阳光下暴晒,晒至五至七成干时,叠置阴干至含水量为16%~18%,干燥得率约为20%。人工干制是将熏硫后的果片置于烘盘上,送入烘房。烘房内初温为

50℃～55℃,终温不超过70℃,烘制10～20小时。自然干制的杏干,具有形态均一,为深橙色中常有紫红色红晕,有光泽,质地一致,凹陷皱缩不严重。一般人工脱水干制的杏干,为浅橙色至柠檬色,光泽性差,果实凹陷显著,特别是核注处更甚,但营养成分保留较好。改进的方法是:将杏干制一段时间后,用蒸汽烫漂,然后再干燥至规定的含水量。这样的人工干制制品既有很高的营养价值,又有较好的外观品质和浓厚的杏果风味。

(5)回软与包装 将干燥后的成品放入木箱中,回软3～4天,使果内外水分均衡。然后根据产品质量情况进行分级,并用塑料食品袋进行防潮包装。

(6)成品质量要求

①块形整齐,色泽鲜亮,橙黄色,半透明,质地柔软,有弹性。用手紧握后能自然松开,彼此不粘连。

②含水量不高于16%～18%,用手捏无汁液渗出。含硫量不超过0.1%。

③重金属和微生物含量符合食品卫生标准。

2. 蜜饯杏干的制作

蜜饯杏干制作的工艺流程为:

原料选择→洗涤→沥干→对捏→晾干→糖煮→成品

制作蜜饯杏干的技术要点如下:

(1)原料选择 挑选个大、形状完整的杏干作原料。

(2)洗 涤 将挑选好的杏干,用温水洗泡2小时,捞出沥干。

(3)对 捏 用手将两片杏干对捏在一起,然后晾干。

(4)糖 煮 杏干与糖之比为1∶1,即1千克杏干加1千克糖。先配成20%的糖液(20千克砂糖,80升水),煮沸2

次,捞出浮沫后再倒入杏干,用文火煮约 20 分钟,捞出沥干即成。

(5)质量要求

①成品呈金黄色,杏肉柔软,无杂质。

②酸甜适口,无异味,含水量不高于 16%～18%,含硫量不超过 0.1%。

③重金属和微生物的含量符合食品卫生标准。

3. 糖水杏罐头的加工

加工糖水杏罐头的工艺流程为:

原料选择→清洗→切半、挖核→修整→预煮→选级别→装罐→排气→封罐→杀菌冷却→入库

加工糖水杏罐头的技术要点如下:

(1)原料选择 适于加工糖水罐头的杏,应当是个大,直径不小于 35 厘米,圆整,肉厚,粗纤维少,果肉金黄色,肉质细而韧,离核,杏味浓厚的品种。如沙金红、串枝红、巴斗、玉杏、山黄杏、鸡蛋杏、大红杏和孤山大杏梅等品种的果实,都是加工糖水杏的优良品种。白肉、粘核、水汽大的品种,不宜加工糖水杏罐头。此外,果肉颜色过深,呈橙红色的品种,制成罐头后,粗纤维非常明显,影响外观品质,也不宜用来加工糖水罐头。内熟型(即果实由核窝处先熟)和缝线晚熟的品种,也不适于制罐。

制罐用的杏,应于八成熟时采收。加工前要拣除病虫果和伤残果。过生或过熟的杏果,果面有较大伤疤(雹伤或虫口咬伤)的杏果,也应剔除。

(2)切半、挖核 沿缝合线切半,然后挖核。

(3)去 皮 将杏肉放在温度为 98℃、浓度为 6%～8% 的氢氧化钠溶液中,小处理 10～50 秒钟。处理时,要不断搅

动,使之去皮干净、彻底。捞出后用水冲洗干净。碱液浓度和处理时间视果实成熟度而定。杏果成熟度较高时,处理宜用高浓度碱液作短时间处理。反之,则可用较低浓度碱液,延长处理时间至 1 分钟。处理原则以去皮干净、不使果肉软烂为度。整果处理时也应适当降低碱液浓度而延长时间;否则,缝线处的果皮不易去除干净。

(4)修　整　将残留外皮、虫疤、黑点、毛边、机械伤、果尖、果把和核尖等修整削去,使果面、核窝光滑。在去皮和修整过程中,果块应放于 1.5％食盐水中护色。

(5)预　煮　将杏块放在沸水中煮 5～8 分钟,以煮透而不软烂为度。然后将果块按大小、色泽、成熟度分开装罐,并剔除过生或过熟软烂果。有真空封罐设备的,可免去预煮程序,直接生装。

(6)装　罐　先将包装用的玻璃罐、盖及胶圈,放在沸水中煮 5 分钟杀菌。称取杏块 330 克,糖水 200 毫升,装入罐内。

(7)排气封盖　把装好杏块和糖水的玻璃罐,装入排气箱内,通入蒸汽加热,使罐中心温度达到 85℃以上,排气 7～15 分钟。排气结束后,从排气箱中取出罐体,立即封盖,罐盖要放正,压紧。有条件时,可采用真空封盖机封盖。真空封罐时,真空度应不低于 53.33 千帕。

(8)杀菌与冷却　把封好盖的罐头,放入沸水中杀菌 10～20 分钟。然后将罐头分段冷却(依次为 80℃,60℃,40℃),至罐心温度降到 40℃以下。不可一次用冷水降温,以防炸罐。

(9)擦罐、保温及入库　擦去罐头表面水分,放在 20℃左右的仓库内贮放 7 天,即可进行敲检,发现有密封不良者(胀罐)及时剔除。检验合格的罐头,应贴好商标,装箱入成品库。

(10)质量要求

①果肉呈黄色或橙黄色。同罐中的杏果肉应色泽一致。糖水透明,允许有不引起浑浊的少许果肉碎屑。

②具有糖水杏罐头应有的风味,酸甜适口,无异味。

③杏块组织软硬适度,块形或果形(整果罐头)完整。同一罐内的杏块大小一致,无机械伤及虫害斑点。

④果肉占净重的 55% 以上,糖水浓度为 14%～18%(开罐时按折光度计)。

⑤重金属和微生物含量符合卫生标准。

4. 杏脯的制作

杏脯制作的工艺流程为:

原料选择→清洗→切分、去核→熏硫→糖煮→干燥→整形→包装

制作杏脯的技术要点如下

(1)原料选择　制脯用杏要求个大肉厚,外形整齐,质地细致,果实表皮颜色由绿开始变黄的鲜果。要剔除生青、软烂和病虫果。

(2)前处理　将杏用清水洗干净,在切半机上开半,挖去杏核,然后用浓度为 8%～10% 的氢氧化钠溶液去皮。去皮后,用清水洗净。也可带皮制作杏脯。

(3)熏　硫　把杏片摆在烘盘上,洒上少许清水后送入熏硫室熏硫 2～4 小时。熏硫时,每 1 000 千克杏需用硫黄 3～5 千克,熏至果肉呈淡黄色,微透明时即可。也可用 0.2%～0.3% 的亚硫酸氢钠液浸泡 2 小时左右。

(4)糖　煮　第一次糖煮时用 30% 浓度的糖液,煮沸后倒入杏肉再煮沸。然后将糖液连杏肉全部倾入缸中,浸渍 10

小时左右。第二次糖煮时将糖液浓度调整至 40%,煮沸后再将杏肉倒入。再沸腾后,一同倾入缸中浸渍 10 小时左右。

(5)干　燥　捞出杏肉,沥去糖液,将杏碗朝上平摆在盘上,在 60℃～70℃ 的温度下烘至含水量 18%(即不粘手)即可。然后整形,冷却。

(6)包　装　先将杏脯装入塑料薄膜食品袋中,再装入纸箱内,以免成品回潮。

(7)质量要求

①杏脯呈金黄色或红黄色,半透明。

②形状整齐,无杂质。

③具有杏香味,甜酸适口,无异味。

④含糖量在 65% 以内,含水分 18%～22%,含硫不超过 0.2%(以二氧化硫计)。

5. 杏汁的加工

加工杏汁的工艺流程为:

选料→破碎→压榨→粗滤→澄清→精滤→均质→脱气→调整糖度→装罐→杀菌

加工杏汁的技术要点如下:

(1)选　料　制作杏汁用的杏果,应具有良好的风味,酸度稍高,取汁容易,出汁率高,离核;果肉色泽橙黄,充分成熟,无病虫,无损伤。加工之前,要用清水将果实冲洗干净。然后切半,挖去果核。

(2)破　碎　为了提高出汁率,应将杏果肉破碎,但不可切分得过碎,一般以块大 3～4 毫米为宜。将切好的果肉加入等量的水,放在不锈钢锅内煮 15～30 分钟,温度应控制在 60℃～70℃,使果肉充分软化。同时要加入适量的维生素 C、柠檬酸或少量食盐,以利于护色。

(3)压　　榨　破碎处理后的杏肉,要立即压榨。进行压榨时,一般使用压榨机。压榨机的种类,有水压压榨机、气压压榨机、螺旋式压榨机和筛式离心机等。第一次压榨后的渣子,经搅拌后进行第二次压榨。若在第二次压榨前加入少量温水,浸泡 6～8 小时再压榨,则效果更好。

(4)粗　　滤　将压榨出的杏汁,用过滤网或过滤袋将其中的悬浮物和杂质滤掉。有的粗滤与压榨同时进行,即在压榨机出汁口装上一个筛网,出汁后就过滤。

(5)澄　　清　粗滤只滤去了大粒的悬浮物和杂质。澄清和精滤主要是为了去掉杏汁内的胶体,使杏汁清澈透明。澄清的方法有以下三种:

①**自然澄清法**　又叫静置法。将杏汁放在密闭的容器中静置,杏汁中的单宁和蛋白质形成不溶性物质而沉淀。此法需注意防腐。

②**加明胶和单宁或加酸澄清法**　明胶是一种蛋白质,杏汁中单宁遇蛋白质就会结合成不溶性的明胶单宁盐而沉淀。原杏汁中虽然含有单宁和蛋白质,但数量很少,为了加快澄清速度,可往杏汁内加入 1％的单宁和明胶溶液。加入单宁和明胶溶液时,注意不要过量;否则就达不到澄清的目的。

往杏汁中加入适量的果胶酶,能使杏汁中的果胶物质分解为果胶酸等,果胶黏度降低,浑浊的悬浮体沉淀。果胶酶的用量是每吨杏汁 2～4 千克。

③**瞬时加热澄清法**　在 80～90 秒钟内,将杏汁迅速加热到 80℃～82℃,维持 3～4 分钟,然后使之尽快冷却至室温。温度的剧变,能使胶体物发生凝固而沉淀。

(6)均质和脱气　对于浑浊果汁需要进行均质,使杏汁中的颗粒变得更加微小而且均匀,以增加杏汁的美观程度和风味。均质通过均质机进行,杏汁在高压下穿过 0.002～0.003 毫米的均质小孔。

脱气是脱去杏汁中的氧,以免杏汁发生氧化后出现变色变质。脱气的方法有抗氧化剂法,即在杏汁装罐时加入少量的维生素 C 等抗氧化剂。此外,还有真空排气法和氮交换法等。

(7)杏汁糖酸量的调整 不浓缩杏汁的含糖量与含酸量,要有适当的比例。其糖酸比一般为(13～15)∶1,杏汁的风味才好。用经过滤的浓糖浆,调整杏汁的含糖量为 17% 左右,并用 0.1% 柠檬酸调整酸度。必要时,需加入 0.1% 苯甲酸、香精及色素。

(8)装罐与杀菌 将均质调整后的杏汁加热到 80℃～90℃,趁热装罐并立即密封,封罐温度不应低于 70℃。然后用沸水进行杀菌,入锅后 3～5 分钟,使水温升至 100℃,保持 8～10 分钟。杀菌后,将铁罐放入冷水中迅速冷却。玻璃瓶应进行分段冷却。然后擦去水珠,涂防锈油。

(9)质量要求

①成品杏汁为透明的深黄色或橙黄色。

②具有浓厚的杏汁风味和香气,无异味。

③产品久置之后允许有少量沉淀,但无其他杂质。

④杏汁可溶性固形物含量为 15%～20%,总酸含量为 0.5%～1%。

⑤重金属和微生物含量符合食品卫生标准。

6. 杏酱的加工

加工杏酱的工艺流程为:

原料选择→清洗→切半、去核→预煮软化→打浆＋浓缩→装罐→封口→杀菌→冷却加工杏酱的技术要点如下：

(1)原料选择 加工杏酱,宜选用肉厚的黄杏。白杏不宜加工杏酱。果个大小不限,但要求小核,以提高原料利用率。杏果要风味浓厚,粗纤维少。果胶含量多的品种适于制酱。串枝红和巴斗等品种,都是加工杏酱的优良品种。加工杏酱的杏果,应在八九成熟时采收。采收过早,不仅酱体色泽浅淡,而且稀薄不黏。但采收也不可过晚,因为过熟的杏果制酱不易形成凝胶状。同时,要剔除有虫眼、霉变的杏果。

(2)切半及去核 用清水洗去果面的泥沙和杂物,沿缝合线将杏切开,除去杏核,修去表面黑点斑疤,浸入 1%～1.5%的盐水中护色。

(3)软 化 将杏片置于夹层锅中,加 10%～20%的清水,煮 15 分钟,并随时翻动,使杏片软化,以利打浆。

(4)打 浆 用孔径为 0.7～1.0 毫米的打浆机打浆 1～2 遍。

(5)浓 缩 果肉和砂糖配比为：块状酱,杏 80 千克,白砂糖 107 千克;泥状酱,杏泥 140 千克,白砂糖 160 千克;一般酱,杏 100 千克,白砂糖 80 千克。

先将糖溶化成浓度为 75%的糖浆,煮沸过滤后浓缩至 80%以上。再将杏块或杏泥浓缩 20 分钟,然后倒入浓缩糖液,边搅拌边浓缩。当可溶性固形物含量达 55%～65%时出锅。

(6)装 罐 铁罐内要涂抗酸涂料,并事先洗净消毒。用四旋瓶时,将瓶盖、胶圈用 75%酒精消毒,装罐温度为 85℃。装罐后瓶口无残留果酱。

(7)封 口 装罐后立即封口。封口时温度不低于70℃。封口后,要逐个检验封口质量。

(8)杀　菌　把铁罐或四旋瓶包装成品,放入杀菌柜中,升温 5 分钟至 100℃后,保持 100℃ 15 分钟。玻璃瓶应采用 80℃、60℃和 37℃分段冷却。

(9)质量要求

①酱体呈黄色、金黄色或橙黄色,色泽均匀一致。

②具有杏果酱应有的香气和风味,甜酸适口,无异味。

③酱体细腻呈胶黏状,能徐徐流散,无残核果柄,无杂质,无糖结晶。

④含可溶性固形物 55%~65%,总糖 50%~57%。

⑤重金属和微生物含量符合食品卫生标准。

第九章　产品营销及效益分析

目前,果品营销问题已成为影响杏业发展的主要问题。落后的营销模式严重制约了果品的销售和农民增收。在这种情况下,总结经验教训,扬长避短,拓宽思路,开创果品营销新局面,具有重要的意义。尤其是构建农产品现代营销管理体系,非常有利于推动整个农业产业结构的战略性调整,延伸农业产业链,提高产业化经营水平和农民组织化程度;有利于转变农业增长方式,提升农产品质量安全水平,增强农产品市场竞争力;有利于解决农产品"相对过剩"与"卖出难"问题,增加农民收入;有利于推进社会主义新农村建设,促进城乡经济社会协调发展。毫无疑义,这也必将有力地促进包括杏产业在内的果树产业的发展。

一、杏果品营销的误区和存在问题

1. 认为杏果品营销就是价格战

在目前中国特殊的果品市场环境下,随着栽培面积的增加,果农自主经营的杏园在果品质量和果品包装上不具备优势,当竞争对手掀起价格战的序幕时,自己别无选择只有跟着进行降价。在大多数情况下,价格战没有赢家,一旦造成价格"穿底",给整个杏果业带来的将是不可估量的损害。参战方希望通过价格战在行业中"优胜劣汰"的想法,往往难以实现。

2. 受惜售心理支配失商机

有的农民受上一年价格的影响,价格比去年的低,一些农户就不愿出售,结果错失良机。还有的果农看到农产品价格一涨再涨,生怕卖了后吃亏,待价而沽,结果因其他因素使价格低落,又失去了机会。

3. 推广新品种时栽培与营销脱节

引进和推广杏新品种毋庸置疑是一件大好事,但一些技术推广部门和果农错误地认为,只要有新品种,就可以实现高的经济效益,而忽略新品种的营销策划。一些杏果产区片面追求品种本身的高、新,结果导致一些质量好、技术含量高的品种无人问津怪现象的出现,果农虽引进一流的品种,但缺乏一流的营销策略与之相配套,因而无法吸引顾客,达不到预期的经济效益。

4. 轻视新、老杏品种营销中的价格调整

在新品种投放市场初期,业务员为完成新品种面世任务,会把主要精力放在新品种上,甚至不惜在同一市场投放相同价位或相近价的产品。而对新品种如何定位(是形象产品、核心主推产品还是低档上量产品,投放到哪一个市场),新品种和老品种之间有没有价格冲突、会不会影响老品种的销量,市场上的品种结构是否合理等重要问题,却没有进行理性的调查分析。促销政策实行一定期限后又被取消,出现了促销一停,销售就下滑的局面。结果市场上老品种无人问津,新品种开始低价倾销的现象,使果农的积极性和利益受到很大的损害。

5. 杏品营销没有得到应有的重视

杏在我国的果业中占的比例很小,一直被视为“小杂果”。但是,近20年来随着国家的重视,杏产业得到了迅速的发展。但是在电视台、电台、报纸杂志上,很少看到与杏产品有关的广告及宣传,尤其是鲜食杏品种的宣传更显不够。同时,与之相配套的包装材料也没有开发,因而制约了杏果销售量及价

位的提升。有的杏农不重视了解市场行情,因而在杏果品价格上没有主动权,营销时常被外来客商压低价格。

6. 缺乏吸引消费者的新颖营销策略

营销观念陈旧,营销手段单一,营销管理滞后。由于经历了长时期的国家"统购统销",现在,果农资本量小,实力弱,无法建立起固定的销售场所和区域性营销网络,品牌意识淡薄,缺乏市场拓展能力和竞争力。同时,专业化营销人才缺乏,对农产品市场的调查频次较少,调研不够深入,运用现代化市场预测的方法、手段和技术不尽科学,难以迅捷、完整地了解市场信息,从而不能有的放矢地制定农产品营销策略,以致在市场经济中经常处在劣势和被动的地位。

7. 市场秩序较乱

近年来包括果品在内的农产品批发市场发展较快,数量多,规模大,但缺少有效的农产品市场流通交易法规。一些市场经营组织受短期利益驱动,甚至不讲社会责任,不讲市场规律和营销规律,欺行霸市,哄抬物价,掺杂使假,使社会利益和消费者利益受到一定程度的损害。有的经营者缺乏规范的农产品营销行为,在农产品收购与销售中,经常出现相互间压价和倾销等现象,市场竞争无序。农民进入初级市场的合约化和组织化程度很低,散、小、低的生产经营方式,很难适应农产品大流通的格局。农产品销售过程中存在多重中介,中间环节较多,增加了流通交易成本。

8. 重产不重销

在农产品的流通网络体系建设中,生产与商贸之间缺少有效沟通,人为地割裂了产前、产中和产后相关的产业链,市场需求对农产品生产不能起到有效的引导作用,致使农产品生产总量难以控制,农民很难以市场为导向进行生产,无法摆脱农产品"相对过剩"和"卖出难"的状况。

9. 对杏果的营销投入远远低于苹果和脐橙等大宗果品的营销投入

近年来,在苹果、梨等大路果品普遍走下坡路、价格一跌再跌的时候,以杏、李等为首的小杂果生产却是一路风光。其中尤以早熟杏发展迅猛,呈现出产销两旺的趋势,成为特色果业当中的一颗新星,种植户每 667 平方米最多可获利 3 万元左右,远远高于其他果树品种。许多捷足先登者已获得丰厚的回报,利润的诱惑使得众多种植户纷纷把目光投向杏这一前景无限的产业。但是,对杏果的营销投入却与这种情况不相适应,"小杂果"营销投入少的状况,并没有得到有效的改变。这对杏树的生产发展是极为不利的。

10. 不注重抢先申报本地优势杏果品牌

杏果投放市场后,农业推广部门总希望在较短时期内形成品种热销。在"不做品牌做销量"的营销方针指导下,一些营销人员认为"没有做品牌的钱,也可以有效提高销量"。在这种思想的指导下,尽管在品种投放市场的初期实现了部分销量,但终因没有目标消费者和缺少重复购买消费者而导致失败。而相同外形、相同质量、相同价格的杏品种,却因拥有不同的品牌而命运迥异。这就是没有品牌基础的结果。

二、提高营销效益的方法

(一)充分重视杏果品营销业

将零星分散在各个山场的果农,有效组织起来,统一提供苗木,统一技术操作规程,统一技术指导,统一供应农资,统一品牌,统一包装,统一销售等,有效降低生产成本,扩大生产规模,实现小生产与大市场的对接,增强抵御市场风险的能力。

要牵住市场的鼻子,让市场不断地跟着果农跑,围着果农转。要引导和带动农民,"不要跟着市场走,而要牵着市场跑"的超前意识,把农民带动起来。要建立农民技术经济合作组织。这是连接果农千家万户的桥梁和纽带。合作组织在自愿互利、民主管理的原则下,自发地将农民经纪人、专业大户和协会会员为主体的农民联合起来,开展产前、产中、产后各项服务。帮助农户掌握市场信息、技术应用和农产品的购销,发挥群体优势和中介作用。对于这些合作组织,应给予积极引导,大力扶持,提高他们的素质,加快农民经济合作组织发展,逐步达到服务实体化。

(二)发展无公害绿色食品杏

发展绿色杏产品,必须要依托良好的生态资源环境。首先要根据本地实际情况,把无公害绿色农产品基地建设、生态农业和名优特产品的开发,有机地结合起来。其次是大力推广应用农业科技,合理施肥,多施有机肥,采用综合措施防治病虫灾害,减少农药的施用量,减少农业资源污染,治理好环境,确保绿色农产品的质量。另外,要加强对绿色杏产品生产的扶持,提高生产绿色食品杏的经济效益,从而推动杏无公害绿色食品生产的发展。

(三)实施杏产业品牌推进工程

要实施"品牌推进工程",促进杏产品提质增效。要提出阶段性争创品牌的规划,予以激励扶持,培植主导产品和拳头产品,做大做强一批具有品牌效应、实行规模化生产的区域特色优势产业带和产业区；引导企业做好质量基础管理工作，建设一批标准化上规模、上档次的特色优势农产品生产基地。运用市场机制和行政手段，做好企业实施品牌战略的指导和协调，尤其在生产标准制定、品牌认证、品牌宣传和科技创新等方面做好服务，延长品牌农产品的产业链，以品牌为纽带，促进资源向品牌农产品和现代龙头企业聚集，使其培育成具有带动能力、辐射面广与竞争优势强的国际知名农业品牌。

露露集团是生产经营以杏仁露为主的植物蛋白饮料、果汁饮料和各种肉类罐头的大型企业集团。是中国最大十家饮料企业之一，也是河北省大型支柱性企业集团和农业产业化龙头企业。他们利用品牌效应，把企业做大做强，就是最好的例证，也是最生动的榜样。

（四）搞好产品定位与品牌形象

河北巨鹿县栽培杏树已有 300 多年历史，主要品种是串枝红杏。其果肉丰厚，酸甜可口，风味独特。1985 年先后被农业部、林业部、国家计委和国家出口基地办公室确定为"全国杏良种示范推广基地"、"串枝红生产基地"和"串枝红出口基地"。近些年来，巨鹿县的杏及产品远销日本、俄罗斯、韩国、德国等国家，在国内主要销往北京、黑龙江、上海、南京等 7 个省、市。

1. 产品定位

河北巨鹿县产品定位是杏产业。培植发展了以串枝红为代表的杏加工企业 60 多家，开发出杏浆、杏汁和杏罐头等十多个系列产品，年加工能力 1 000 万千克。全县有杏果交易市场 30 多个，杏营销人员 3 000 多人。其杏果销入北京、辽宁、山东等省、市、自治区，并出口俄罗斯、日本、泰国等国家和

地区。发展目标是到 2005 年达到 0.666 7 万公顷,产量突破
1 亿千克,产值达到 1.5 亿元。

2. 销售策略

以"串枝红"果浆和中华杏茶为主打产品,统一系列产品
品牌形象,加大宣传力度,树立知名品牌。在科学、客观的市
场调查与分析基础上,继续开发针对不同目标市场的系列产
品,结合不同目标市场,建立相应的营销模式与营销网络,以
达到既广泛占领市场,又创造丰厚利润的目标。

(五)实行新的营销策略

1. 杏果对比法

将不同质量的果品放在一起,用不同的价格进行销售,以
满足不同收入水平消费者的不同需要,并实行优质优价。
2004 年,杨凌某公司用对比法将自己生产的鲜桃,在西安超
市以每千克 20 元的价格出售,结果销售一空,获得了较好的
经济效益。

2. 建立杏产品营销网络

在果品行业中,杏产品的营销,可以采用互联网及网络技
术为支持,借助于水果行业网站和企业网站,实现双向的信息
流。即杏果的生产、流通与加工等企业和果农,通过网络及
时、形象地发布和获取相关的商品供求及服务信息。在此基
础上,以企业对企业为主要形式,实现网上营销和洽谈,网下
成交和支付。开展网络营销,建立自己的网页,树立公司形
象,进行网上洽谈,从而改变以往盲目跑市场的情况,节约了
成本,增加了订单。

目前我国水果出口连年大幅增长,进出口贸易顺差超过
10 亿美元。未来几年,国际水果市场发展潜力大,特别是我

国水果出口价格竞争力强,我们发展网络营销,就可以更好地实现国内和国际市场的对接,促进包括杏果在内的果品行业的整体发展。

3. 价 格 法

要通过制定合理的价格,促进杏果品的销售。杏果品价格是否合理,可运用公式测定,即杏果品的价格等于销售量的变化率除以价格的变化率。当商大于 1 时,说明价格过高,应降价销售;当商小于 1 时,说明价格过低,应提高价格销售。

4. 品 尝 法

通过让消费者品尝认可,将果品卖出去。

5. 找准市场

不同的地域和不同收入水平的消费者,对果品有不同的要求,每个果品生产者都要找准自己果品的市场。杏果品的销售也是如此,同样要找准自己的市场。只有这样,才能将自己的杏果品很好地卖出去。

(六)将营销手段变为营销艺术

1. 拓宽用途

通过转变果品用途达到促销的目的。辽宁省果树所尝试将杏园变为供学生了解生物、熟悉农业和参与劳动的场所,既提高了果园收入,又提高了社会效益。

2. 赋予文化色彩

给杏果品和树赋予文化内涵,增加文化和艺术的色彩,提升果品档次和品位。辽宁省果树所创办和举行北方露地梅花节,既推广了观赏品种,又丰富了人们的文化生活。

三、杏产业效益分析

我国杏树种类繁多。杏树抗旱,抗寒,耐瘠薄,自然分布于年降水量为 250 毫米左右的半干旱地区。它不仅是改善干旱地区生态环境的树种,而且也是干旱地区农民脱贫致富的首选摇钱树种。它能使种植者获得 667 平方米产值 1 000~4 000元的经济效益,还能给加工业创造出高于原料数十倍的高附加值。杏的果实及其加工制品,有着广阔的市场前景。

根据用途的不同,杏可分为肉用杏(鲜食杏和加工杏)、仁用杏(苦仁杏和甜仁杏)和观赏杏(观花、观果)三大类。

(一)鲜食杏品种效益分析

1. 早熟杏品种效益分析

以辽宁省果树科学研究所推广和审定的骆驼黄杏为例。在北京房山表现极早熟、优质、丰产,其平均单果重、可溶性固形物含量、外观、鲜食品质均明显优于当地杏主栽品种,其果实于 6 月初成熟,11 年生树平均 667 平方米产杏果 3 400 千克,在山西运城试栽 5 年生树平均 667 平方米产杏果 1 950 千克,6 年生树平均 667 平方米产杏果 2 106.5 千克,667 平方米产值达6 000余元。

2. 晚熟杏品种效益分析

晚熟杏以辽宁省果树科学研究所推广和审定的串枝红杏为例。在河北巨鹿表现晚熟,极丰产,果实外观鲜艳,耐贮运,加工性状优良。2 年结果,8 年生树平均株产 70 千克,667 平方米产 2 000 千克。9 年生树平均 667 平方米产杏果 4 922.5 千克,667 平方米收入 8 000~10 000 元。在山西太原,其晚熟性和丰产性也表现显著。5 年生树平均株产杏果 21.5 千克,667 平方米产杏果 882 千克。在四川阿坝州,其表现果实外观、果个、商品性、贮运性、丰产性和晚熟性,也显著优良。2 年结果,3 年生树平均株产杏果 10 千克;4 年生树平均株产杏果 30 千克,667 平方米产杏果 1 650 千克,667 平方米产值达 4 000~5 000 元。

(二)加工杏品种效益分析

以辽宁省果树科学研究所推广和审定的国仁杏和丰仁杏为例。在辽宁熊岳省果树所示范园内,1984 年定植的国仁,1988 年平均 667 平方米产杏仁 27.5 千克;1989 年平均 667 平方米产杏仁 55 千克;1990 年平均 667 平方米产杏仁 66 千克;1991 年平均 667 平方米产杏仁 192.5 千克;1992 年平均 667 平方米产杏仁 286 千克;1993 年平均 667 平方米产杏仁 357.5 千克;1994 年平均 667 平方米产杏仁 385 千克;2002~2003 年杏仁售价为 40 元/千克,2005 年杏仁售价为 35 元/千克。

在辽宁省营口市熊岳的省果树研究所示范园内,1984 年定植的丰仁,1988 年平均 667 平方米产杏仁 55 千克;1989 年平均 667 平方米产杏仁 88 千克;1990 年平均 667 平方米产杏仁 115.5 千克;1991 年平均 667 平方米产杏仁 220 千克;1992 年平均 667 平方米产杏仁 291.5 千克;1993 年平均 667 平方米产杏仁 357.5 千克;1994 年平均 667 平方米产杏仁 390.5 千克;2002~2003 年杏仁的售价为 40 元/千克,2005 年杏仁的售价为 35 元/千克。

以上分析表明,由于杏果、杏仁营养丰富,保健价值高,国内外市场上供不应求,因此,杏生产具有显著的经济效益和广阔的发展前景。

主要参考文献

1 赵春权．高寒区杏树的良种化与建园标准化．农产品加工,2005(1)

2 木塔里甫,阿达来提．南疆杏树坐果率低的原因及防治措施．北方果树,2006(2)

3 方川西,孙树国,张加忠等．丘陵杏园间作技术．河北果树,2005(5)

4 王俊,马庆州．金太阳杏篱架栽培技术．北京农业,2005

5 张建强,李军如,侯忠友等．密植杏树倒"人"字树形的前期管理．北方果树,2006(3)

6 张加延等．中国果树志·杏卷．北京：中国林业出版社,2003

7 杨先芬等．农产品贮藏与加工．北京：中国农业出版社,1998

8 郗荣平．果树栽培学总论．北京：中国农业出版社,1995

枣树高产栽培新技术		提高板栗商品性栽培技	
（第2版）	12.00元	术问答	12.00元
枣树优质丰产实用技术		板栗标准化生产技术	11.00元
问答	8.00元	板栗栽培技术（第3版）	8.00元
枣园艺工培训教材	8.00元	板栗园艺工培训教材	10.00元
枣无公害高效栽培	13.00元	板栗整形修剪图解	4.50元
怎样提高枣栽培效益	10.00元	板栗病虫害防治	11.00元
提高枣商品性栽培技术		板栗病虫害及防治原色	
问答	10.00元	图册	17.00元
枣树整形修剪图解	7.00元	板栗贮藏与加工	7.00元
鲜枣一年多熟高产技术	19.00元	怎样提高核桃栽培效益	8.50元
枣树病虫害防治（修订版）	7.00元	优质核桃规模化栽培技	
黑枣高效栽培技术问答	6.00元	术	17.00元
冬枣优质丰产栽培新技		核桃园艺工培训教材	9.00元
术	11.50元	核桃高产栽培（修订版）	7.50元
冬枣优质丰产栽培新技		核桃标准化生产技术	12.00元
术（修订版）	16.00元	核桃病虫害防治	6.00元
灰枣高产栽培新技术	10.00元	核桃病虫害防治新技术	19.00元
我国南方怎样种好鲜食		核桃病虫害及防治原色	
枣	6.50元	图册	18.00元
图说青枣温室高效栽培		核桃贮藏与加工技术	7.00元
关键技术	6.50元	大果榛子高产栽培	7.50元
怎样提高山楂栽培效益	12.00元	美国薄壳山核桃引种及	
板栗良种引种指导	8.50元	栽培技术	7.00元
板栗无公害高效栽培	10.00元	荔枝龙眼枇杷沙田柚控梢	
怎样提高板栗栽培效益	9.00元	促花保果综合调控技术	12.00元

以上图书由全国各地新华书店经销。凡向本社邮购图书或音像制品，可通过邮局汇款，在汇单"附言"栏填写所购书目，邮购图书均可享受9折优惠。购书30元（按打折后实款计算）以上的免收邮挂费，购书不足30元的按邮局资费标准收取3元挂号费，邮寄费由我社承担。邮购地址：北京市丰台区晓月中路29号，邮政编码：100072，联系人：金友，电话：(010)83210681、83210682、83219215、83219217(传真)。